機械製図CAD作業技能検定試験1・2級

実技課題と解読例

第4版

河合 優 著

日刊工業新聞社

はじめに（3D-CADの成果と2D図面）

3D-CADが開発されて世間に広まった30数年前に、ものづくりの世界の情報提供は、紙からデータに置換えられると、吹聴していた技術者がお見えになりました。2Dの図面はものづくりの世界から姿を消し、「JIS B 0001機械製図」は、消滅すると言っておられました。それを実現するために、3D単独図の普及活動なども行われたようです。CAD-CAMが発展し、プレス型や樹脂成形型の分野は、型の加工精度が向上して、製品の精度が向上しました。さらに、型の製作期間短縮が実現され、プレス加工や樹脂成形の分野では、3D-CADが大きく貢献をしています。それでは2Dの図面はどうなったのかと言えば、少量生産の分野の専用機、搬送機等で、現在も広く活用されています。これらの分野の設計業務では、3D-CADで基本設計を行い、フレーム構造の剛性評価、変形量の調査、稼働時の構成部品間の干渉チェック等を経て、関係者へのプレゼンテーションにも、広く活用されています。その後の部品加工の工程では、3D加工での対応ができないことから、2Dの図面で紙ベースの情報提供が行われています。

2Dの機械図面を作成する能力を評価する、機械製図技能検定試験の受験者数は、このところの10年程を見ると、日本全国で毎年6千人程度で安定しています。データが入手できた令和4年度の、愛知県（著者在住）の技能検定試験受験者総数は、約1.5万人でその中で機械製図は、3番目に多い（約8百人）の受験者がチャレンジしている、人気の高い職種です。製造業の盛んな愛知県において、機械設計技術者の役割の重要性が表れています。設計技術者の成長の起爆剤は、“チャレンジ”と“達成”と言われており、合格に向かって本書をお役立ていただくべく、小生は老体に鞭打ち執筆しております。機械製図技能検定試験に“チャレンジ（受験）”する皆様の“達成（合格）”を期待して、本書をお贈りします。大いに活用いただきますよう、お願い申し上げます。

目　次

第2章 令和3年度の2級実技課題の解読例

第3章 令和4年度の2級実技課題の解読例

第4章　令和2年度の1級実技課題の解読例

第6章　令和4年度の1級実技課題の解読例

第1章

令和2年度の2級実技課題の解読例

図 1-1（巻末）に示した課題図は、産業用の流体機器を尺度1：1で描いたものである。課題図中の本体①（材料 FC250）の図形を描き、寸法、寸法の許容限界、幾何公差、表面性状に関する指示事項等を記入し、部品図を完成させる。

図 1-1 に示した課題図は、空気圧ポート“ア”に空気圧がない状態では、弁体⑦は、ばね⑨の働きで弁座⑥に押し付けられて閉じており、流体は“ウ”と“エ”の間を流れる。“ア”に空気圧を加えると、ピストン④が左側に移動する力が発生して、ピストン軸⑤がばね⑨の力に押し勝って左側に移動して、弁体⑦が移動して流路ができて、流体は“イ”に流れ込む。その状態を、**図 1-2** 解読図 I に示した。

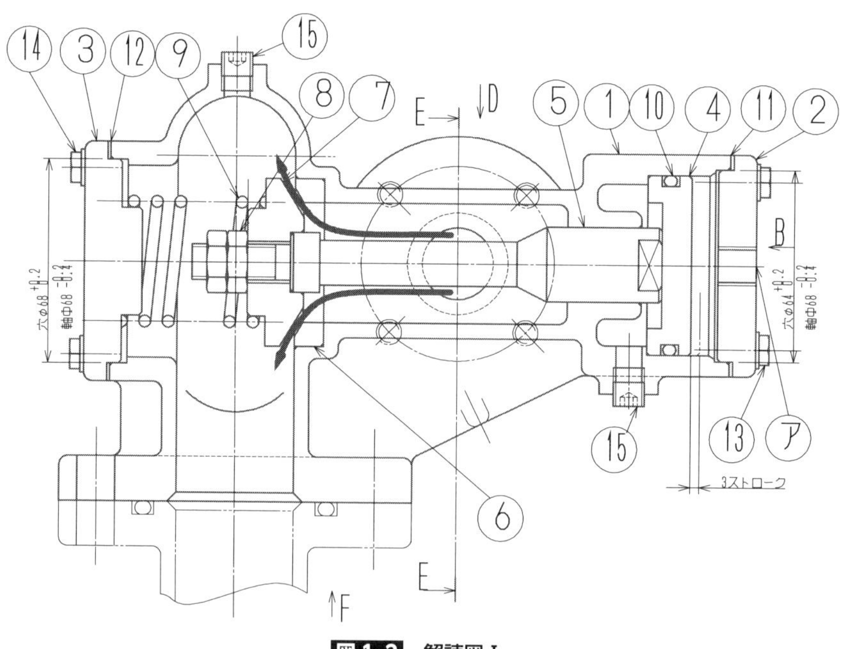

図 1-2 解読図 I

1-1　部品図作成要領（2級課題共通）

(1) 製図は、日本産業規格（JIS）の最新の規格による。

(2) 解答用紙は、A2サイズ横向きで、四周をそれぞれ10mmあけて輪郭線を引き、中心マークを設ける。

(3) 図を描く場合、課題図に表れていない部分は、他から類推して描く。

(4) 普通寸法公差を適用できない寸法の許容限界は、公差域クラスの記号で記入する。

(5) 課題図に示した寸法、寸法の許容限界等は、そのままの値を使用する。

(6) 普通公差は、鋳造に関してはJIS B 0403の鋳造公差等級CT8、機械加工に関しては普通寸法公差JIS B 0405の中級（記号m)、普通幾何公差はJIS B 0419の公差等級Kとする。

(7) 表面性状の指示はJIS B 0031を用い、図面の空白部に鋳肌面の表面性状を一括で示し、その後ろの括弧の中に機械加工面に用いる表面性状を記入する（大部分が同じ表面性状である場合の簡略指示)。鋳肌面の表面性状は、除去加工の有無を問わない場合の表面性状の指示記号を用い、表面粗さのパラメータ及びその数値はRz200とする。機械加工面の表面性状は、それぞれ図形に記入し、Ra1.6、Ra6.3、Ra25のいずれかを用いて指示する。角隅の丸み及び45°の面取りは、表面性状の指示をしない。

(8) めねじ部の下穴深さは、JIS B 0001「機械製図」の深さ記号を用いないで、JIS B 0002-1「製図―ねじ及びねじ部品―第1部：通則」の「4.3 ねじ長さ及び止まり穴深さ」の図示表記による。

(9) 対称図形でも、指示のない場合は、中心線から半分だけ描いたり、破断線で図を省略したりしない。

1-2 課題図の説明

課題図は、産業用の流体機器を尺度 1：1 で描いたものである。主投影図は、A–A の断面図で示している。右側面図は、B から見た外形図で示している。左側面図は、C から見た外形図で示している。平面図は、D から見た外形図で示している。本体①は、材料 FC250 の鋳鉄品で、必要な部分は機械加工される。流体は図中 “ウ”～“エ” へ流れており、“ア” の部分からの圧縮空気を入れると、ばね⑨の力に打ち勝って、ピストン軸⑤と弁体⑦が移動して、大フランジ “イ” に流れる。②はカバー、③はばね支え、④はピストン、⑥は弁座、⑧はロックナット、⑨はばね、⑩は O リング、⑪、⑫はパッキン、⑬、⑭は取付ボルト、⑮は閉止プラグである。

1-3 指示事項

(1) 本体①の部品図は、第三角法により尺度 1：1 で描く。

(2) 本体①の部品図は、**図 1-3** の配置で描く。

(3) 本体①の部品図は、主投影図、左側面図、下面図、部分投影図及び局部投影図とし、図 1-3 の配置で、下記 a～j により描く。

a 主投影図は、課題図の A–A の断面図とする。

b 左側面図は、課題図の C から見た外形図とし、中心線から左側は、断面の識別記号を用いて課題図の E–E の断面図とする。

c 下面図は、課題図の F から見た外形図とし、対称図示記号を用いて中

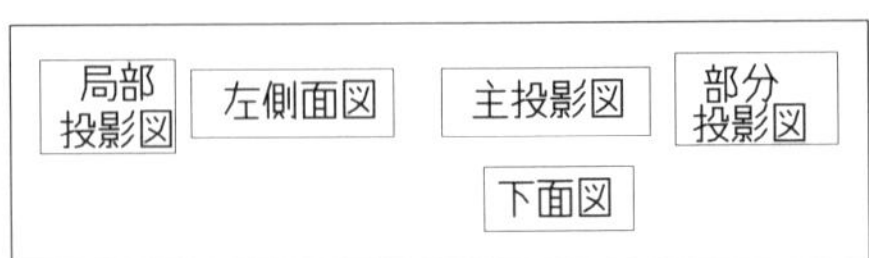

図 1-3 解答図の配置

心線から下側のみを描く。

d　部分投影図は、課題図のＢから見た外形図とし、カバー②を取り付ける面（面取り線を含む）及びねじに関して、対称図示記号を用いて中心線から右側のみを描く。

e　局部投影図は、課題図のＧから見た小フランジ⑨のねじに関して、対称図示記号を用いて中心線から左側のみを描く。

f　Ｏリング⑩用の面取り角度は30°とし、軸方向の面取り長さ寸法は2mmとする。また、内径公差はH9とする。

g　ねじ類は、下記による。

イ　カバー②の取付ボルト⑬のねじは、メートル並目ねじ、呼び径6mmである。これ用のめねじの下穴径は、4.97mmとする。

ロ　ばね支え③の取付ボルト⑭のねじは、メートル並目ねじ、呼び径6mmである。ここれ用のめねじの下穴径は、4.97mmとする。

ハ　大フランジ“イ”の取付ボルト用のキリ穴は、直径13mmとし、鋳肌面には直径24mm、深さ1mmのざぐりを施す。

ニ　小フランジ“ウ”及び“エ”のねじは、メートル並目ねじ、呼び径8mmである。

ホ　閉止プラグ⑮のねじは、管用テーパねじ呼び1/8である。これ用のねじ穴は、管用テーパめねじとする。

h　下記により幾何公差を指示する。

イ　大フランジ“イ”の取付面の平面度は、その公差域が0.1mm離れた平行二平面の間にある。

ロ　弁座⑥の入る穴の軸線をデータムとし、ばね支え③の入る穴の軸線の同軸度は、その公差域が直径0.02mmの円筒内にある。

ハ　弁座⑥の入る穴の軸線をデータムとし、ピストン軸⑤の入る穴の軸線の同軸度は、その公差域が直径0.01mmの円筒内にある。

i　鋳造部の角隅の丸みは、R3についてのみ個々に記入せず、紙面の右上に「鋳造部の指示のない角隅の丸みはR3とする」と注記し、一括指示する。

j　小フランジ“ウ”及び“エ”は形状、寸法及びねじも同一であるので、課題図と同様に小フランジ“ウ”及び“エ”を図示し、小フランジ“エ”の近傍に「フランジ“ウ”と同一」と指示する。

1-4　図形の解読と作図

1-4-1　主投影図

課題図の主投影図はA-A図で示されており、解答図の主投影図はA-Aの断面図を描くように指示されている。**図1-4**の解説図Ⅱは、課題図の主投影図から弁開閉部と、接続フランジを取り外して、切口にハッチングを指示してある。弁開閉部の構成部品は、基本的に円筒形でできており、それを基本にして読み取る。弁開閉部の構成部品を取り去ると、カバー②（図1-4、A）のはめあい穴、ピストン④（図1-4、B）のはめあい穴、ピストン軸⑤（図1-4、C）のはめあい穴が姿を現す。はめあい穴の入り口は、課題図に描かれていなくても“C1”の面取りを指示する。ピストン軸⑤を取り去ると“ウ”と“エ”をつなぐ流体通路（図1-4、H）の全形が見えるようになり、ピストン軸の収納穴&流体通路が姿を現す。弁座⑥を取り外すとはめあい穴（図1-4、D）が姿を現す。ばね支え③を取り外すとはめあい穴（図1-4、E）が姿を現す。ばね⑨を取り外すと収納穴（図1-4、F）が姿を現す。ピストン軸収納部に隠れていない部分にある配管グランジ（図1-4、K）及び同締付ねじ（図1-4、L）は、課題図をそのまま写し取る。配管フランジ“イ”（図1-4、M）には流体通路（図1-4、J）があり、配管フランジ締付用のボルト穴（図1-4、N）が課題図に図示されており、そのまま写し取る。この場合の穴の図示位置は正確に投影すると、機能が成立していない図となるため、配置円上を移動させて、フランジ外形との関係を保った位置に、穴の図形を描く。配管システムの空気抜き用と推定される、閉止プラグ用の組付けネジ（図1-4、Q）及び、ピストン軸部のドレン抜き用と

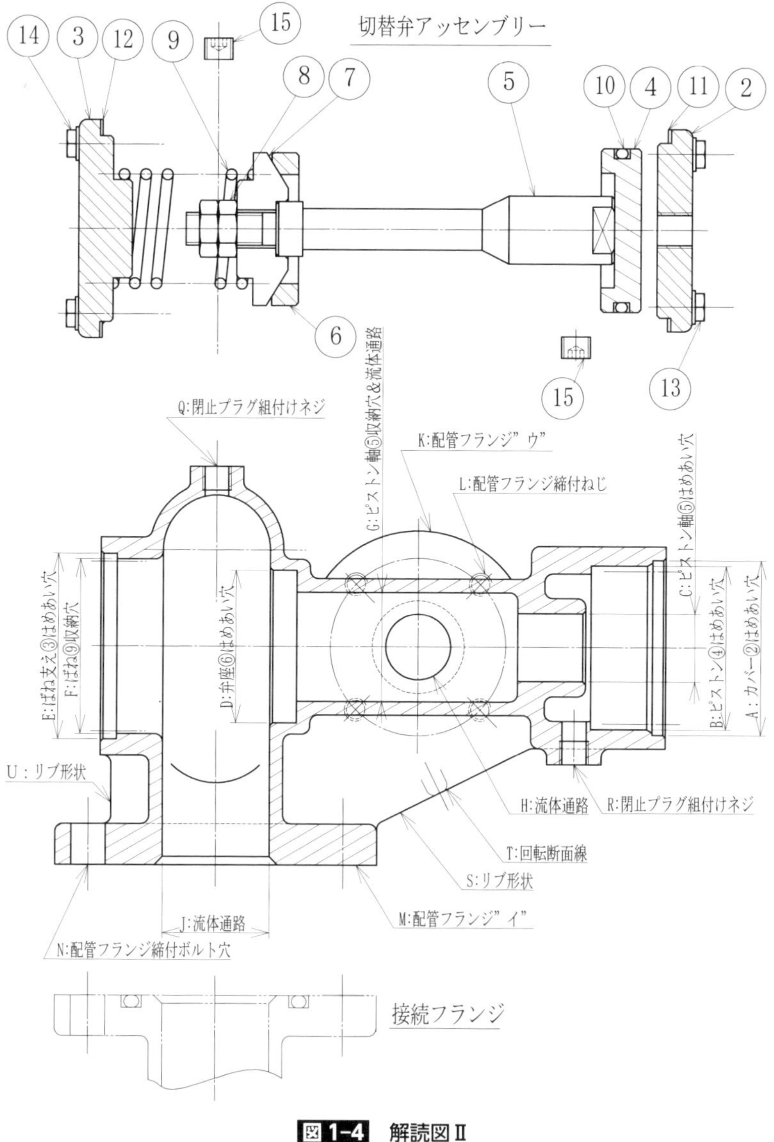

切替弁アッセンブリー
14
3
12
9
15
8
7
5
10
4
11
2
6
15
13
Q:閉止プラグ組付けネジ
G:ピストン軸⑤収納穴&流体通路
K:配管フランジ"ウ"
L:配管フランジ締付ねじ
C:ピストン軸⑤はめあい穴
E:ばね支え③はめあい穴
F:ばね⑨収納穴
D:弁座⑥はめあい穴
B:ピストン④はめあい穴
A:カバー②はめあい穴
U：リブ形状
H:流体通路
R:閉止プラグ組付けネジ
T:回転断面線
S:リブ形状
J:流体通路
M:配管フランジ"イ"
N:配管フランジ締付ボルト穴
接続フランジ

図1-4　解読図Ⅱ

推定される、閉止プラグ用締付ねじ（図1-4、R）の管用めねじの形状を描く。流体通路（J）の両側にあるリブ形状（図1-4、S、U）を写し取る。この時に回転断面線（図1-4、T）を忘れないで写し取る。カバー②とばね支え③を締め付けるねじは、配置円上にあり、断面図上に描くことができないが、配置円に沿って図示位置の補正もできない。カバー②側のねじ位置は部分投影図に図示することができ、ばね支え③側のねじ位置は左側面図に図示することができ、ねじ深さ、下穴深さはねじサイズと共に寸法で指示できることから、主投影図では中心線のみとする。

1-4-2　左側面図

図1-5（巻末）解読図Ⅲに左側面図の解読について示した。右側の部分は図1-4に示した解答図の主投影図である。左側面図の中心線から右側は外形図で、課題図の左側面図を写し取り、ねじ支え③を取り外して内部構造を主投影図から写し取るとできあがる。中心点から順に、ピストン軸③のはめあい穴（図1-5、イ）、ピストン軸③の収納穴（図1-5、ロ）、ピストン軸③の収納部の外径（図1-5、ハ）、弁座⑥のはめあい穴（図1-5、ニ）、カバー②の収納部の外形（図1-5、ホ）、ばね⑨の収納部（図1-5、ヘ）、ばね支え③のはめあい穴（図1-5、ト）と描いていく。ばね支え③の締付ボルトの位置にめねじを描くと、右半分ができあがる。左側はE-Eの断面図であり、配管フランジ“ウ”は円形で、そのままを残す。流体通路（図1-5、チ）は円形であり、課題図の平面図から写し取る。中心部の流体経路の内径／外径は、右側面図のかくれ線を読み取り描く。カバー②のはめあい部の位置は、（図1-5、ホ）から読み取り、形状は右側面図から写し取る。断面線で切断されるリブ形状は、（図1-5、リ）から読み取って描く。リブの隣に見える閉止プラグ用の組付けネジのボス形状（図1-5、ヌ）を忘れないで描く。

1-4-3　下面図

下面図は平面図の構成部品を**図1-6**に示したように分解して、外形線とかく

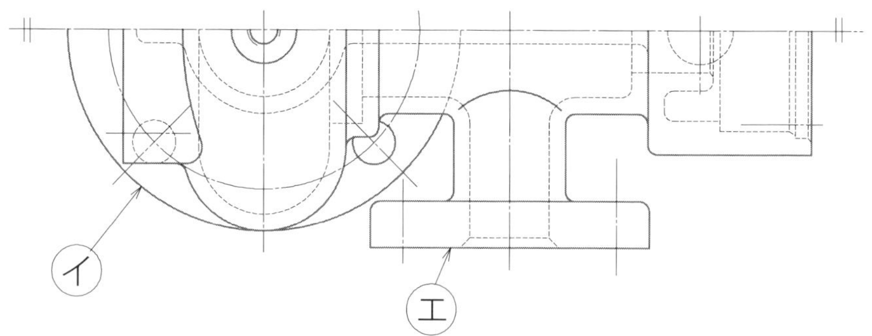

図1-6　解読図Ⅳ

れ線を入れ替えて、不要なかくれ線を消していく手順で描く。解答図の主投影図を下部から見て、平面図から構成部品を取り外した図を、順に描き替えていく。フランジ“イ”を**図1-7**に示したように、外形（図1-7：あ）、フランジ“い”締付穴（図1-7、い）、流体通路（図1-7、う）、流体通路面取線（図1-7、え）、流体通路から見える閉止プラグ用のねじの下穴（図1-7、お）、フランジ“イ”の締付穴から見える弁座⑥の収納部の外形（図1-7、か）、リブ形状（図1-7、き）、閉止ねじ用ボス形状（図1-7、く）、閉止ねじ（図1-7、け）と順に外形線を描いていく。リブ形状はフランジ“イ”にかくれた部分はかくれ線となる。

図形表現上かくれ線が必要かを、**図1-8**の解読図Ⅵで考えていく。カバー②のはめあい穴（図1-8、C）、ピストン④はめあい穴（図1-8、B）、ピストン軸はめあい穴（図1-8、A）及び周辺のかくれ線で示した形状は、解答図の主投影図に、外形線で表されており、省略可能である。流体通路（図1-8、D）は、解答図の左側面図に外形線で表されており、省略可能である。リブ形状（図1-8、E）は、リブ形状と流体通路の接続R（図1-8、L）を図示する役割から、省略できない。閉止ねじ用のボス形状（図1-8、F）は、図形と寸法で指示されており、省略が可能である。流体通路の内部形状／外部形状（図1-8、G／H）は、解答図の主投影図、左側面図に表されていると考えるべきか、判断に迷うとこ

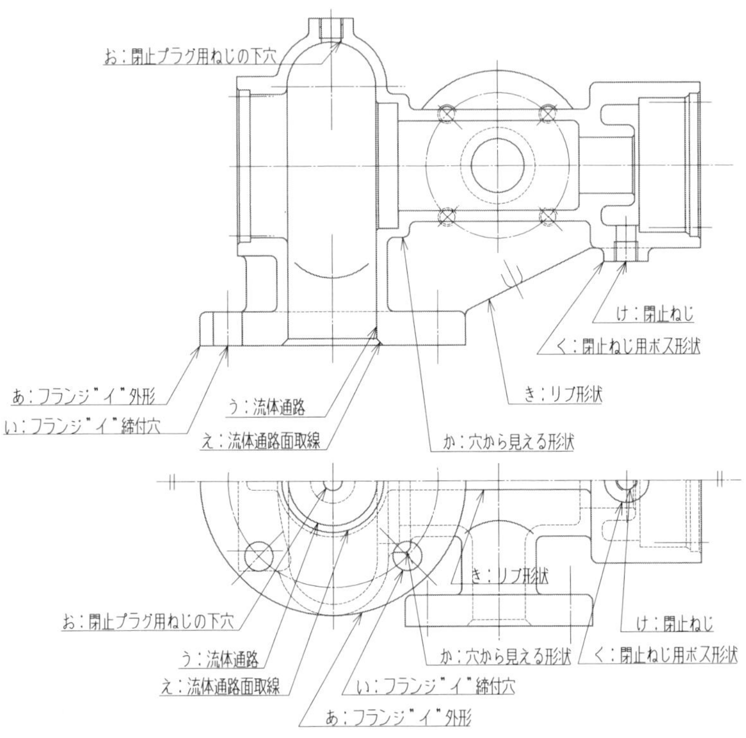

図 1-7 解読図Ⅴ（平面図から下面図）

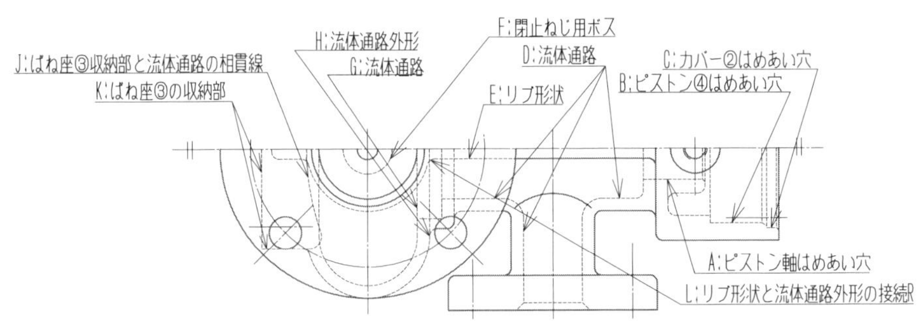

図 1-8 解読図Ⅵ（かくれ線の要否）

ろであり、検定の進め方原則「迷ったら描いておく」から、描くべきと考えられる。ばね座③のはめあい穴収容形状と、流体通路外形の相貫線（図 1-8、J）は、相貫線の性質が目標とする線ではなく結果としてできあがる線であることから、役割のレベルが低く、省略可能である。解答図の主投影図及び左側面図に描かれた、ばね座③の収容部（図 1-8、K）は省略可能である。

1-4-4　部分投影図

部分投影図は**図 1-9** に示したように、図形線は解答図の主投影図から読み取り、ねじの配置は課題図の右側面図から読み取って作図する。

1-4-5　局部投影図

局部投影図は**図 1-10** に示したように、配置円を課題図の主投影図から読み取って作図する。

1-4-6　図示位置の修正

円形の加工面に円形配置の場合は、**図 1-11** に示したように、厳密な投影位

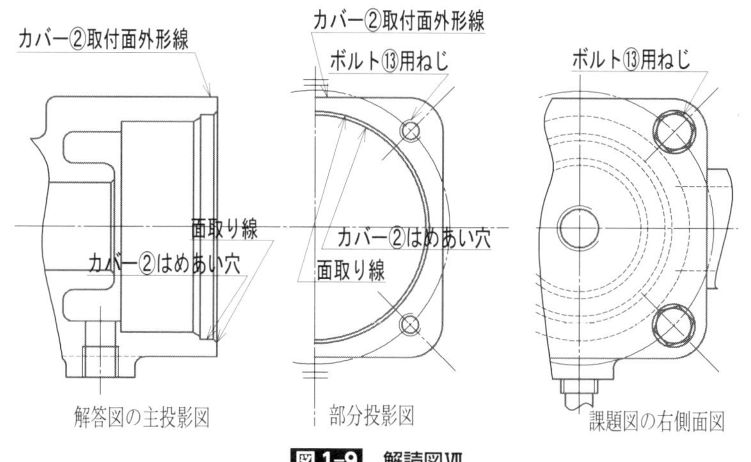

図 1-9　解読図Ⅶ

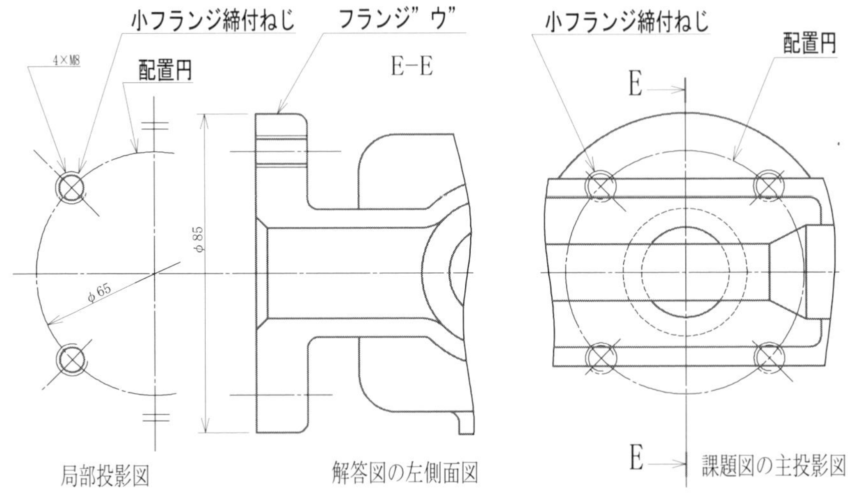

図 1-10　解読図Ⅷ

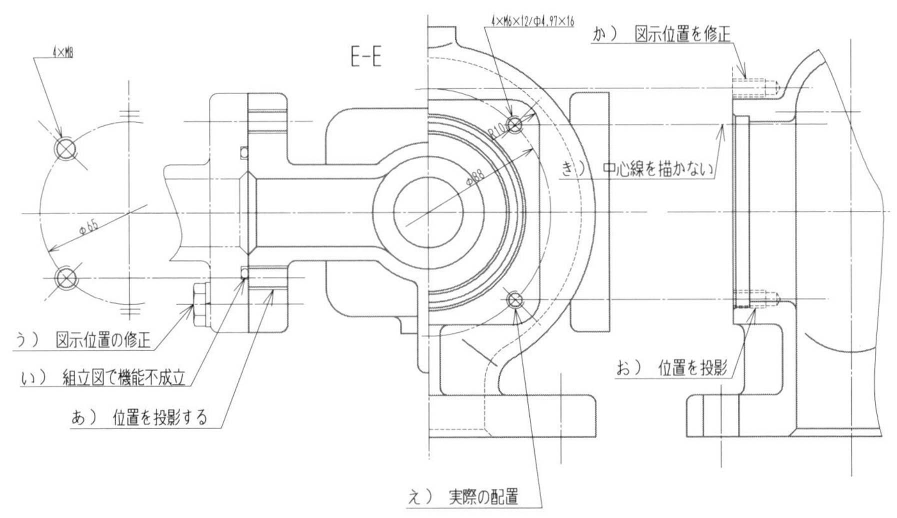

図 1-11　図示位置の修正

置は“あ”のようになるが、“い”に示すようにＯリングと重なり、機能が不成立となる。う）に示したように図示位置を修正して示す。方形の加工面に円形配置の場合は、“お”に示したように厳密な位置に図形を描くと、機能が不成立となる。“か”のように図示位置を修正しても、図形が不成立となる。この場合は不成立の図形も連結する中心線も描かない。

1-5　寸法記入の進め方

1-5-1　重要寸法

はめあいなどの寸法公差は、**図 1-12** に重要寸法及び、それに関連した寸法を示した。A）カバー②のはめあい寸法は、課題図中に寸法公差が指示してあり、それを無視して“H8”などの公差を指示すると減点される。課題図及び課題説明文に記載されている数値等は、正確に転記することが求められている。B）のピストン④の摺動穴の寸法公差は、“H9”が問題文に指示されている。C）のカバー②のはめあい部の深さは、穴加工後に容易に計測できるように、加工面からの寸法を記入する。D）のはめあい部の面取りは、課題図に指示がなくてもは「はめあい部の入り口は面取りする」の原則を守る。E）のピストン④の摺動部の深さ寸法は、加工面の入り口から記入する。F、G）の組立時の傷防止の面取りは、課題図に具体的な指示はないが、Ｏリングを見たら 30° の面取りを必ず指示する。H、J）のピストン軸のはめあい穴は、寸法公差と入口の面取り指示を忘れない。K、L）の弁座⑥のはめあい穴は、寸法公差と入口の面取りを忘れない。M）のはめあい部の深さは、加工時の測定を意識して、容易に測定が可能な切削面から寸法記入する。N、P）のばね支え③のはめあい穴は、課題図に指示された寸法公差の指示と、入口の面取りを指示する。Q）の穴深さは、課題図に図示されているように、ばね支え③を小さく造って必ずスキができるように設計されており、寸法公差は不要である。はめあいと面取りと深さ寸法の様に、多くの場面でついて回る要素は、一括を意識して記入す

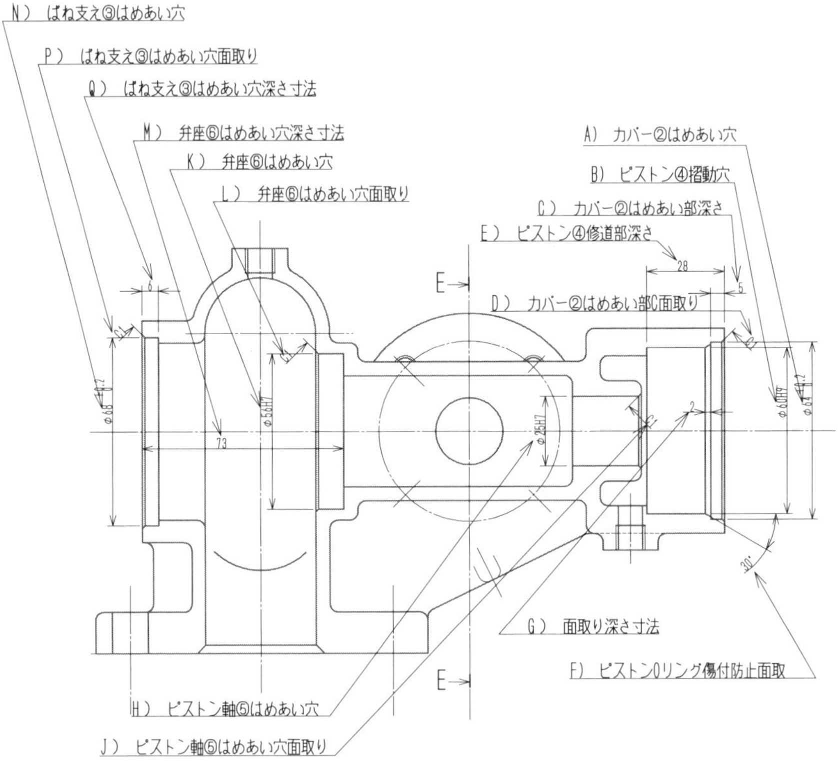

図 1-12　重要寸法

ると、記入漏れを防止することができる。

1-5-2　ねじと穴の寸法

ねじと穴の寸法指示は、**図 1-13**（巻末）にねじと穴の指示及びそれに関連する寸法を示した。イ、ロ）にカバー②の締付ねじ及び、ねじ配置を示した。ハ、ニ、ホ）に締付ねじの加工面の寸法を示した。へ、ト）にばね支え③の締付ねじ及び、ねじ配置を示した。チ、リ、ヌ）に締付ねじの加工面の寸法を示した。ル、ヲ）に大フランジの締付穴及び、穴の配置寸法を示した。ワ）に穴加工面の寸法を示した。カ）に閉止プラグの組付けねじを指示した。ヨ）に閉止プラグのねじ加工面の寸法を示した。タ）に閉止プラグの組付けねじを指示した。レ）に閉止プラグのねじ加工面の寸法を示した。ソ）に小フランジの締付ねじを示した。ツ）に小フランジ締付ねじの配置寸法を示した。ネ）に締付ねじ加工面を示した。ナ）に２つの小フランジの、寸法が同じであることを示した。

1-5-3　最大外形＆外形、板厚

図 1-14（巻末）に最大外形他の寸法に関して、解説する図を示した。あ）は最大外形寸法を示している。い）は大フランジの取付面から、小フランジの中心高さを示しており、このユニットをシステムとして組み上げる、最も重要な寸法となる。う）は閉止プラグ組付け面で、い）と、う）を合計したものが、最大高さとなる。え）は２つの小フランジの間隔で、この数値もシステムとして、組み付け上重要な寸法である。お）に小フランジの厚さ寸法を示した。図1-13のナ）に示したように、２つの小フランジは同一であり、厚さ寸法も同じである。か）は２つの小フランジ間の、流体通路の大きさを決める寸法である。き）は、か）の流体通路の外形寸法であり、鋳物素材の一般板厚を示している。く）は主流体通路の大きさ寸法で、小フランジ部の圧力より、主流体通路の圧力が低いことから、流速が低く断面積を、大きくしていることが読み取れる。ここまで読み取るには、流体装置に関する知識を必要とする。検定合格に必須な知識ではないが、わかっていると読図速度が速くなる。け）は主流路部の外形寸法であり、一般板厚である。こ）は大フランジ部の流路を決める寸法で、く）同様の配慮がされている。さ）はこの部分の一般板厚である。し）は大フランジの厚さ寸法である。す）は大フランジと小フランジの左右方向の距離で、システム構成上重要な寸法である。せ）はピストン部と、弁座組付け部の距離寸法である。そ）はふた②の取付面と、小フランジの中心距離である。た）はピストン部の大きさ寸法である。ち）は弁座⑥の組付け部の、大きさ寸法である。つ）はピストン軸ガイド部の、大きさ寸法である。て）はピストン部の一般板厚である。と）はピストン軸ガイド部の大きさ寸法である。な）は閉止プ

ラグ取付部の、大きさ寸法である。に）は閉止プラグ部の、位置寸法である。ぬ）は小フランジ部から、大フランジ部に流れる流路と、ピストン軸の収納部を兼ねている。ね）はその部分の外形部の板厚で、一般板厚でできている。の、は）はリブ部の板厚である。

1-5-4　半径と面取り寸法

図 1-15 に示した半径の面取りに関する指示内容を解説する。A）は大フランジと、大フランジにつながる流体経路の、外側に形成する接続 R を表してい

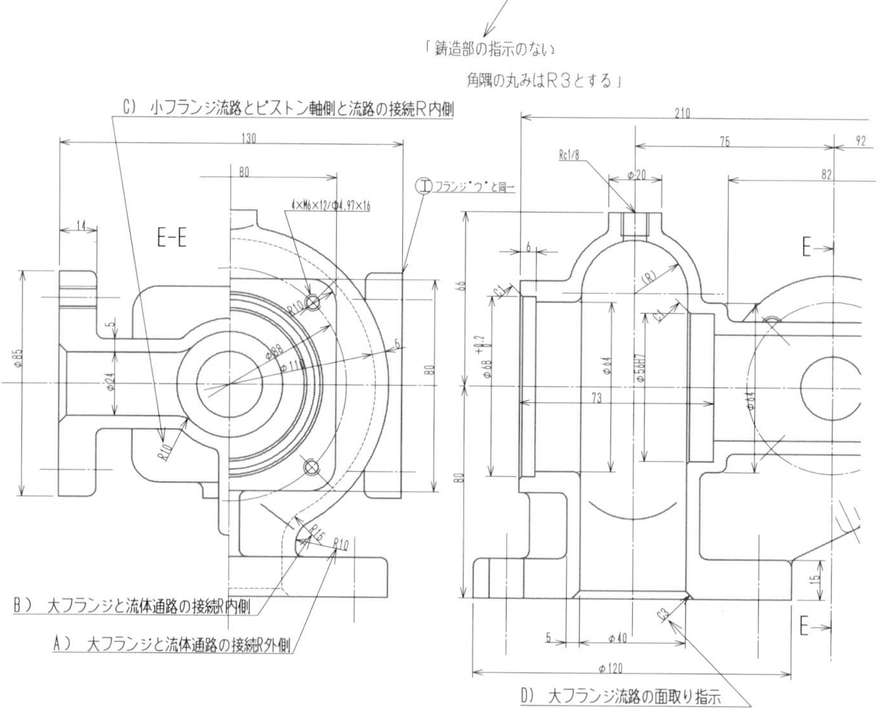

図 1-15　半径と面取り寸法

る。B）はその内側に出来る接続Ｒを表している。C）は小フランジのつなぐ形状と、ピストン軸及び、小フランジから大フランジに接続する、円筒形の流体経路との接続Ｒを表している。D）は大フランジと、そこにつながる円筒形の、流体経路の接続部にできる部分の面取り指示である。E）に示した注記は、鋳物形状における一般Ｒ“R3”を指示しており、鋳物形状にある“R3”を個別に記入しないで指示を一括している。“R3”に寸法を記入した場合は、E）の注記と重複寸法となり、減点対象となる。

1-5-5　表面性状の指示記号

図 1-16 に表面性状に関する、指示事項を解説する。イ）のカバー②の組合せ面は、摺動でなく組合せ部であり、“Ra6.3”を指示する。ロ）のピストン摺動面は、動作する度に擦れ合うことと、擦れ合う対象物が、Ｏリングであることから、設問文に指示された最も精度の高い、“Ra1.6”を指示する。ハ）のＯリング組付け時の摺動面は、“Ra1.6”を指示する。ニ）に示した閉止プラグ部の加工面は、組み付け対象物がなく非接触面であり、“Ra25”を指示する。ホ）のカバー②組付け面は、パッキン⑪を介して、シール機能を達成しようとするところから、“Ra1.6”が妥当な指示と考えられる。ヘ）のカバー②の組付け部の底面は、課題図に示されたように、非接触面であり、“Ra25”が妥当な指示である。ト）のピストン収納穴の底面は、課題図に示されたように、非接触面であり、“Ra25”が妥当な指示である。チ）のピストン軸摺動面は、“Ra1.6”が妥当な指示である。リ）に示した閉止プラグ部の加工面は、組み付け対象物がなく非接触面であり、“Ra25”を指示する。ヌ）の弁座⑥のはめあい穴の底面は、弁座との組み合わせ面であり、“Ra6.3”が妥当な指示である。ヲ）の弁座⑥のはめあい穴は、はめあい穴であり、“Ra1.6”が妥当な指示である。ワ）のばね支え③の組付け面は、パッキン⑫を介して、シール機能を達成することから、“Ra1.6”が妥当な指示である。カ）のばね支え③の組合せ穴は、組合せ面であり、“Ra6.3”が妥当な指示である。ヨ）は小フランジの合せ面で、Ｏリングを使って、シール機能を達成することから、“Ra1.6”が妥当の指示である。

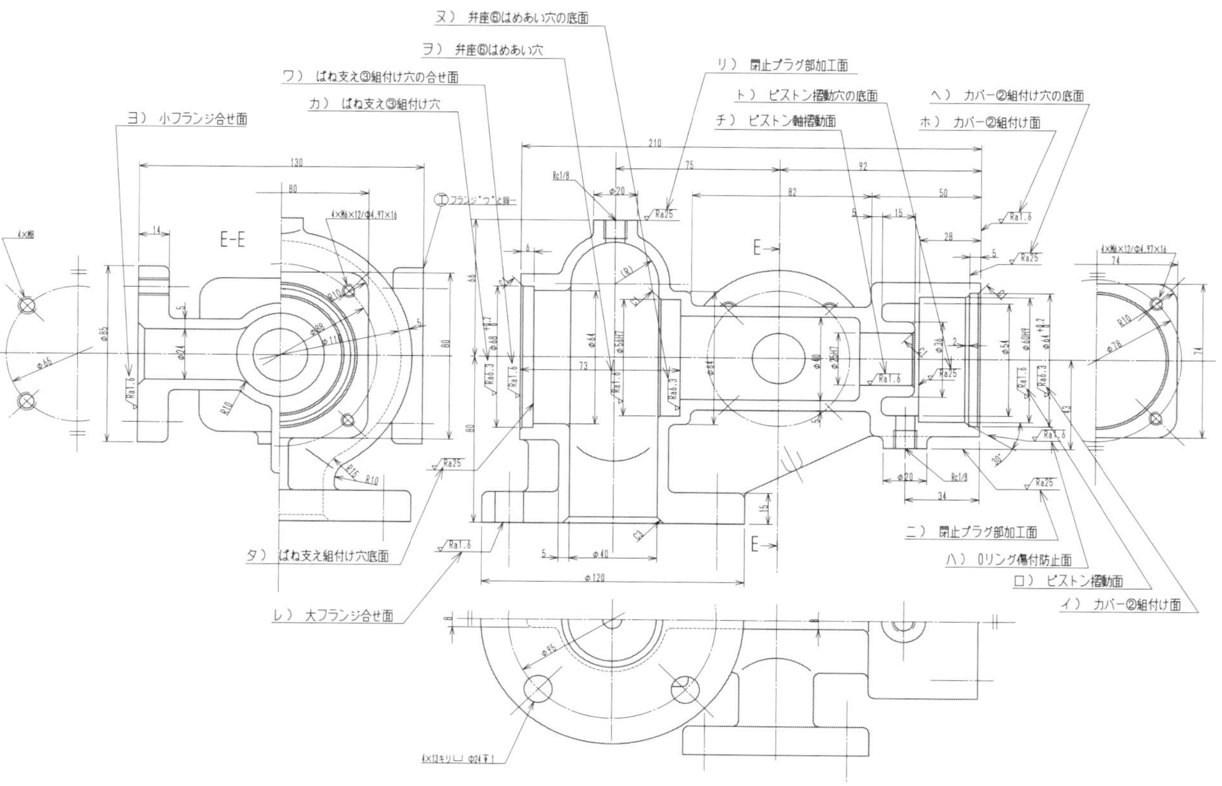

図 1-16 表面性状の指示記号

タ）のばね支え組付け穴の底面は、非接触部であり“Ra25”を指示する。レ）の大フランジの合せ面は、O リングを使って、シール機能を達成することから、“Ra1.6”が妥当の指示である。

1-5-6　幾何公差

図 1-17 に示したように、あ）は弁座⑥のはめあい穴の中心軸線を、データ

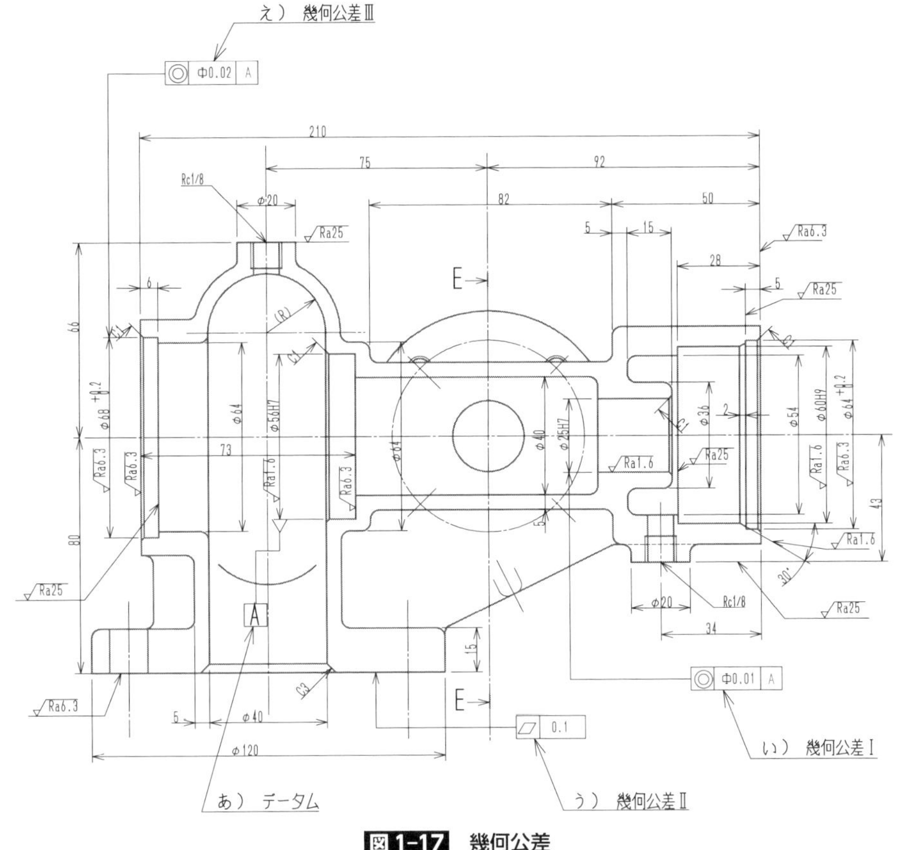

図 1-17　幾何公差

ムとするように、指示されており、弁座のはめあい穴（Φ56H7）の寸法線と対向させて、データム三角記号を付けて、データム記号“A”を示す枠まで、線をつないで指示する。この場合の線のつなぎ方は、JIS B 0021 の第 9 項に忠実に適合させる。い）は、あ）をデータムとして、ピストン軸⑤の、はめあい穴の中心軸線に、同軸度の公差域が直径 0.01mm の円筒内にあることを、指示するように求められている。公差記入枠の左から、同軸度の記号、公差域が Φ0.01、データム記号“A”を記入して、ピストン軸のはめあい穴（Φ25H7）の寸法線と対向させて、指示線を接続する。指示線のつなぎ方は、JIS B 0021 の第 7 項に忠実に適合させる。う）は大フランジ“イ”の取付面の平面度は、公差域が 0.1mm 離れた平行二平面の間にあることを、指示するように求められている。フランジ面の一般面に垂直に指示線を当てて、公差記入枠の左から平行度の記号、公差域の数値（0.1）を記入して、指示線で接続する。え）は弁座⑥の入る穴の軸線をデータムとし、ばね支え③の入る穴の軸線の同軸度は、公差域が直径 0.02mm の円筒内にあるように指示されている。い）の指示と同じ構成で、図 1-17 にあるような指示をする。

1-5-7　解答図

図 1-18（巻末）に解答図の例を示す。

1-6　3D モデル

図 1-19、**図 1-20** に 3D モデルを示す。

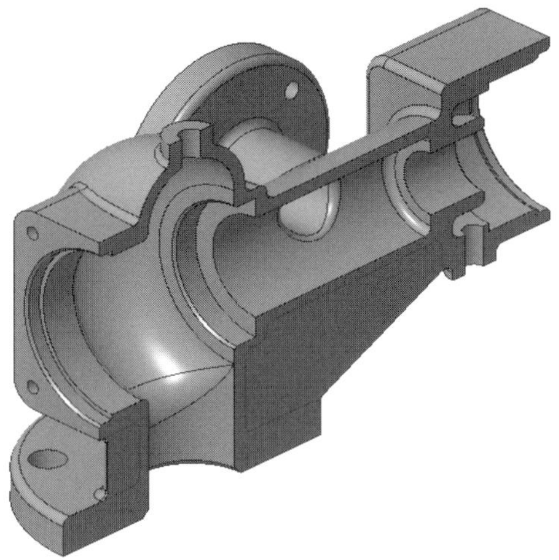

図 1-19　3D モデル断面

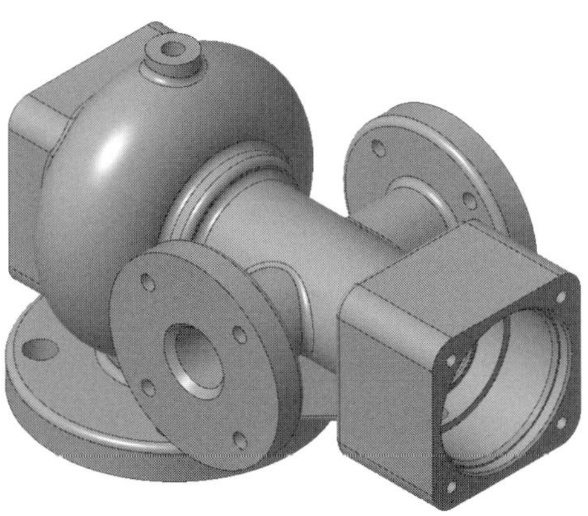

図 1-20　3D モデル全形

第2章

令和3年度の2級実技課題の解読例

図 2-1（巻末）に示した課題図は、2段減速機の組立図を尺度1：1で描いたものである。次の注意事項及び仕様に従って、課題図中の本体①［材料 F250］の図形を描き、寸法、寸法の許容限界、幾何公差、表面性状に関する指示事項等を記入し、部品図を作成する。

2-1 部品図作成要領

部品図作成要領は 1-1 項と共通である。

2-2 課題図の説明

図 2-1 は、2段減速機の組立図を尺度1：1で描いたものである。主投影図は、Y から見た外形図で、給油プラグ⑲及びアイボルト⑱の締結部を部分断面図で示している。左側面図は、X から見た外形図で、内部の機構部品類は省略して示している。平面図は、A-B-C-D の断面図を示している。本体①は、「材料 FC250」の鋳鉄品で、必要な部分は機械加工される。電動機（図示していない）からの回転力は、入力軸③に装着された歯車⑥と、中間軸④に装着された歯車⑦により一次減速され、中間軸④に装着された歯車⑧と出力軸⑤に装着された歯車⑨により最終減速される。本体①と蓋②は、合わせ面にシール剤を塗布した後に、六角ボルト⑥で固定される。入力軸③、中間軸④及び出力軸⑤は、それぞれ転がり軸受⑩、⑪及び⑫に支えられ、軸受押え⑬、⑭及び⑮と六角ボルト⑯によって装着されている。⑲は排油プラグ、㉑は平行ピン㉒及び㉓はオイルシールである。㉔、㉕、㉖、㉗はスペーサーである。

2-3 指示事項

(1) 本体①の部品図は、第三角法により尺度1：1で描く。
(2) 本体①の部品図は、**図 2-2** の配置で描く。

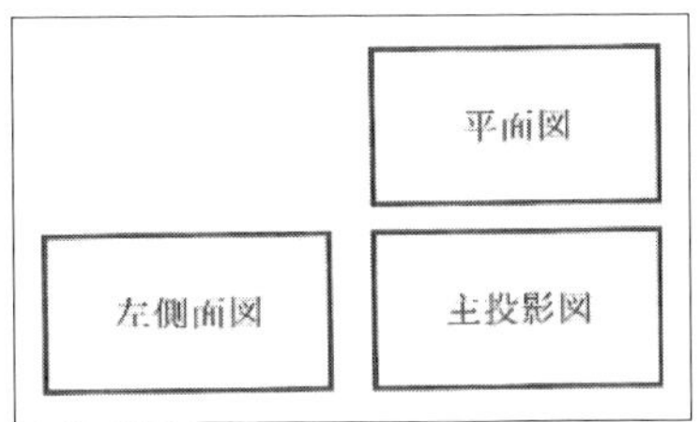

図 2-2　解答図の配置

(3)　本体①の部品図は、主投影図、左側面図、平面図とし、図 2-2 の配置で下記の a～i により描く。

a　主投影図は、課題図の W から見た外形図とする。

b　左側面図は、断面識別記号を用いて、課題図の E-C-F-G の断面図とする。

c　平面図は、課題図の Z から見た外形図とする。

d　ねじ類は、下記による。

イ　六角ボルト⑥のねじは、メートル並目ねじ、呼び径 8mm である。これ用のめねじの下穴径は、6.71mm とする。なお、上側の 2 か所については貫通ねじ穴とし、下側の 2 か所については止まりねじ穴とする。

ロ　アイボルト⑱のねじは、メートル並目ねじ、呼び径 8mm である。これ用のめねじの下穴径は、6.71mm とする。黒皮面には、直径 18mm、深さ 2mm のざぐりを施した後に、直径 10mm の皿ざぐりを施す。

ハ　給油プラグ⑲のねじは、メートル細目ねじ、呼び径 16mm、ピッチ 1.5mm である。これ用のめねじの下穴径は 14.5mm とする。黒皮面には、直径 22mm の皿ざぐりを施す。

ニ　排油プラグ⑳のねじは、管用テーパねじ、呼び 1/4 である。これ用のめねじは管用テーパねじ用の平行めねじとする。

ホ　本体①の取付ボルト（図示していない）用のきり穴は直径 10.5mm とし、黒皮面には直径 24mm、深さ 2mm のざぐりを施す。

e　平行ピン㉑は、呼び径 4mm である。これ用の穴加工はリーマ加工とし、

「合わせ加工」と指示する。

f　転がり軸受の呼び外径は、次による。

イ　転がり軸受⑩は、35mm である。

ロ　転がり軸受⑨は、42mm である。

ハ　転がり軸受⑫は、47mm である。

g　オイルシール㉒の外径の呼び寸法は 30mm で、公差は H8 とする。

h　下記により幾何公差を指示する。

イ　蓋②との合わせ面の平面度は、その公差域が 0.01mm 離れた平行二平面の間にある。

ロ　蓋②との合わせ面をテータムとして、転がり軸受⑩の入る穴の軸線の直角度は、その公差域が直径 0.02mm の円筒内にある。

ハ　蓋②との合わせ面をテータムとして、転がり軸受⑪の入る穴の軸線の直角度は、その公差域が直 0.02mm の円筒内にある。

ニ　蓋②との合わせ面をテータムとして、転がり軸受⑫の入る穴の軸線の直角度は、その公差域が直径 0.02mm の円筒内にある。

i　鋳造部の角隅の丸み R3 についてのみ個々に記入しないで、紙面の余白部に「鋳造部の指示なき角隅の丸みは R3 とする」と一括指示する。

2-4　図形の解読と作図

2-4-1　主投影図

解答図の主投影図は、“W の矢視方向”で描くように指示されており、課題図の左側面図に“W の矢視方向”の指示がある。解答図の主投影図を描くために解説した課題図の**図 2-3**（平面図）に、“W の矢視方向”追記すると、課題図の主投影図の背面視となることが解る。そのことから解答図の主投影図は**図 2-4** に示したように、課題図の左右を反転した図形となる。図 2-4 は図形を反転しているが、描いた図形は課題図の線種をそのまま描いている。本体①の外

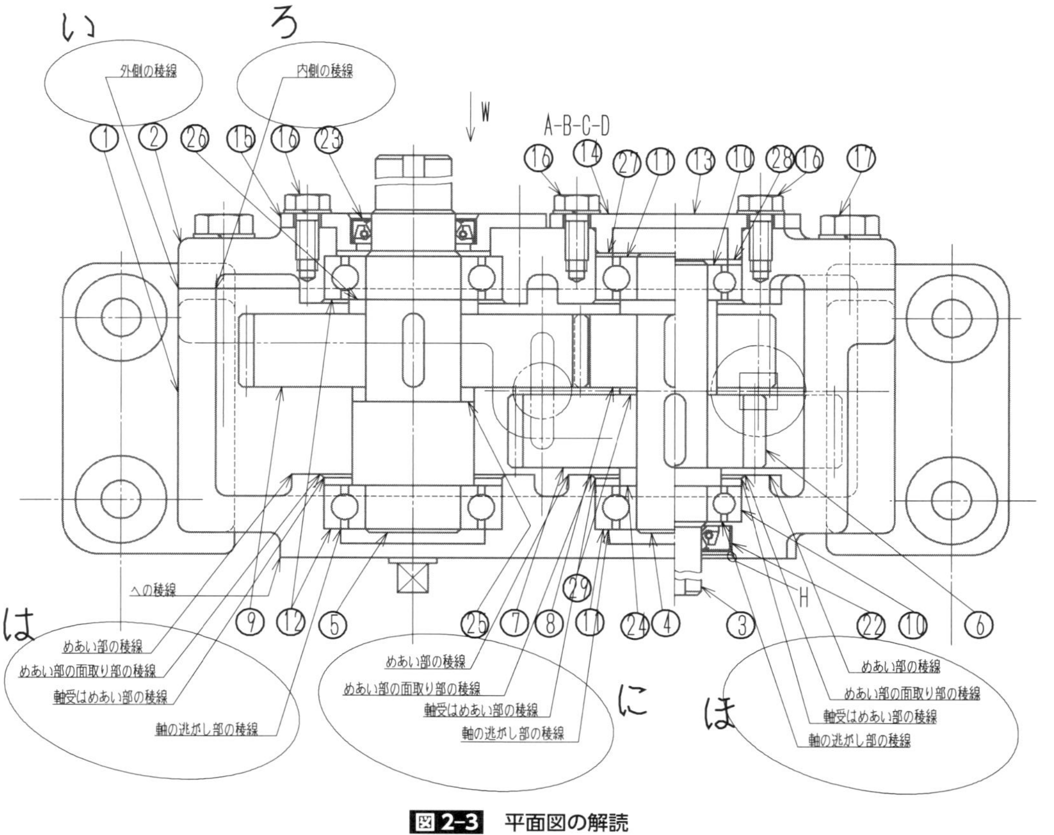
い
外側の稜線
ろ
内側の稜線
W
A-B-C-D
H
への稜線
は
めあい部の稜線
めあい部の面取り部の稜線
軸受はめあい部の稜線
軸の逃がし部の稜線
めあい部の稜線
めあい部の面取り部の稜線
軸受はめあい部の稜線
軸の逃がし部の稜線
に
ほ
めあい部の稜線
めあい部の面取り部の稜線
軸受はめあい部の稜線
軸の逃がし部の稜線

図 2-3　平面図の解読

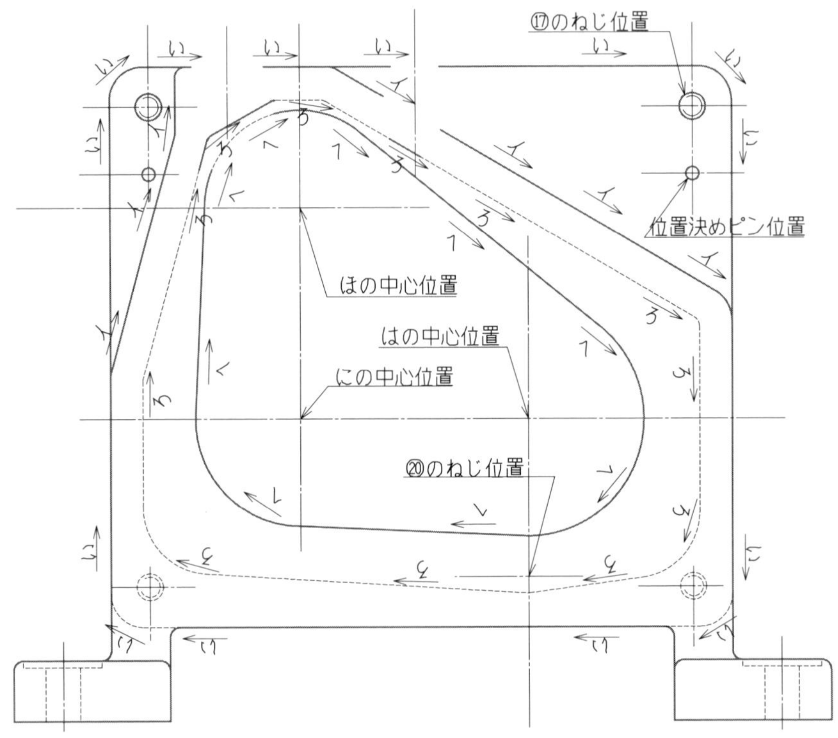

図 2-4　主投影図の解読

側の稜線は、図 2-3 に“い”で示した部位となり、図 2-4 では“い→”で示したように、本体①の減速部を一周する形状となっている。本体①の歯車収容部の内側の稜線は、図 2-3 に“ろ”で示した部位となり、図 2-4 では“ろ→”で示したように、歯車⑥、⑦、⑨を取り囲み、一周する形状となっている。この形状で外側と内側を作ると、上部の左右に肉厚が非常に大きい部位ができることから、鋳造方案・材料費・減速機の重量を考慮して、図 2-4 に“イ→”で示した形状により板厚を一定になるように改良設計されている。図 2-4 では課題図の左右反転で課題図と同じ線種で描いてあるが、**図 2-5**（解答図に準じた図）の“い→”“イ→”“ろ→”は、解答図に求められた線種で描いてある。

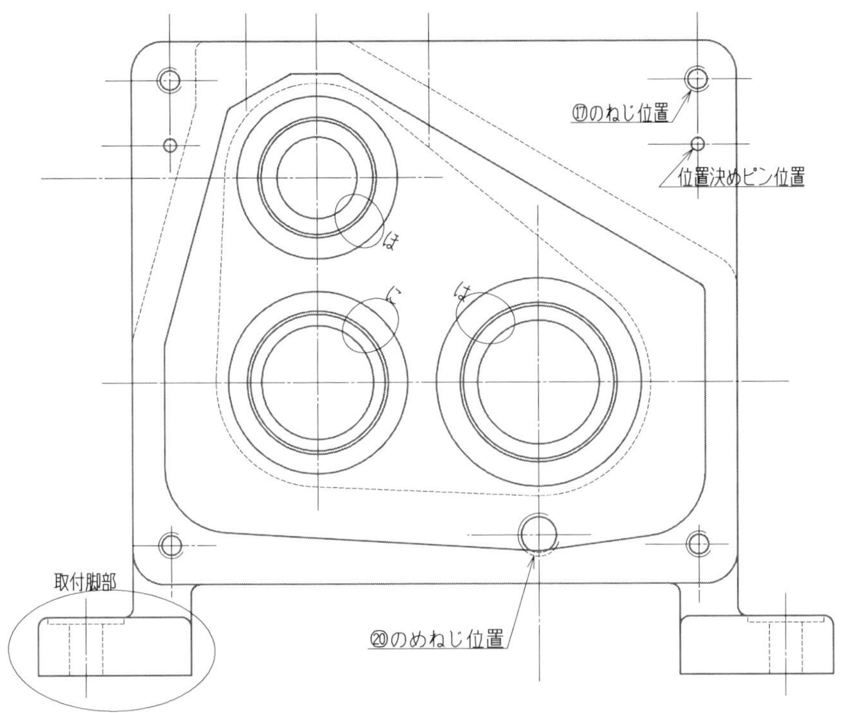

図 2-5　主投影図の解読Ⅱ

図 2-4 に示したボルト⑰の図位置と、位置決めピンの図位置は左右対称であり、課題図の位置をそのまま描いてある。ボルト⑰の上側 2 カ所はおねじが描いてあるが、解答図では図 2-5 に示したようにめねじを描く。下側の 2 カ所はかくれ線で描いてあるが、実線でめねじを描く。位置決めピン用の、穴の図形とピンの図形は同じであり、実線で穴を描く。

図 2-4 に“は”で示した軸受⑫の中心位置に、図 2-5 では「軸受⑫の内輪逃がし部の稜線・軸受⑫のはめあい穴の稜線・軸受⑫のはめあい部の面取り部の稜線・軸受⑫の収納部の稜線」の 4 つの円の図形を描く。図 2-4 に“に”で示した軸受⑪の中心位置に、図 2-5 では「軸受⑪の内輪逃がし部の稜線・軸受⑪

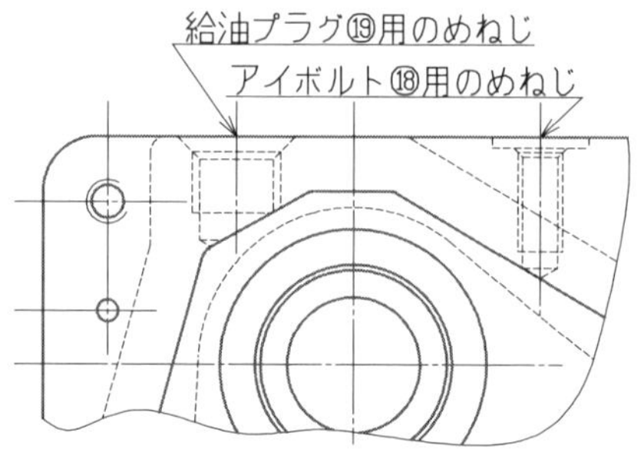

図 2-6　主投影図の解読Ⅲ

のはめあい穴の稜線・軸受⑪のはめあい部の面取り部の稜線・軸受⑫の収納部の稜線」の4つの円の図形を描く。図2-4に“ほ”で示した軸受⑩の中心位置に、図2-5では「軸受⑩の内輪逃がし部の稜線・軸受⑩のはめあい穴の稜線・軸受⑩のはめあい部の面取り部の稜線・軸受⑩の収納部の稜線」の4つの円の図形を描く。

歯車の潤滑油の排油プラグ用⑳の止めねじは指示された位置（図2-4）に描く。解答図では図2-5に示したように描く。本体①の取付ボルト用のキリ穴の座ぐり深さは「2mm」指示されており、課題図、図2-4及び図2-5に示したように、ザグリ形状の線をかくれ線で描く。

図2-6に示したように、アイボルト⑱用のめねじ、給油プラグ⑲用のめねじは、作図段階では中心線を描いておき、時間が許す範囲でかくれ線を描く。

2-4-2　平面図

図2-7は課題図の平面図（A-B-C-Dの断面図）から、構成部品を取り外して解答図の向きに配置（上下反転）したものである。解答図の平面図は外形図を描くように指示されており、それに合わせて線種の変更をすると、**図2-8**に示したように、外形線となる部分は必ず描くが、かくれ線の部分（軸受⑩・⑪・⑫のはめあい部など）は時間の許す範囲で描けばよい。アイボルト⑱及び給油プラグ⑲は取り外して設問文の指示に従って描く。

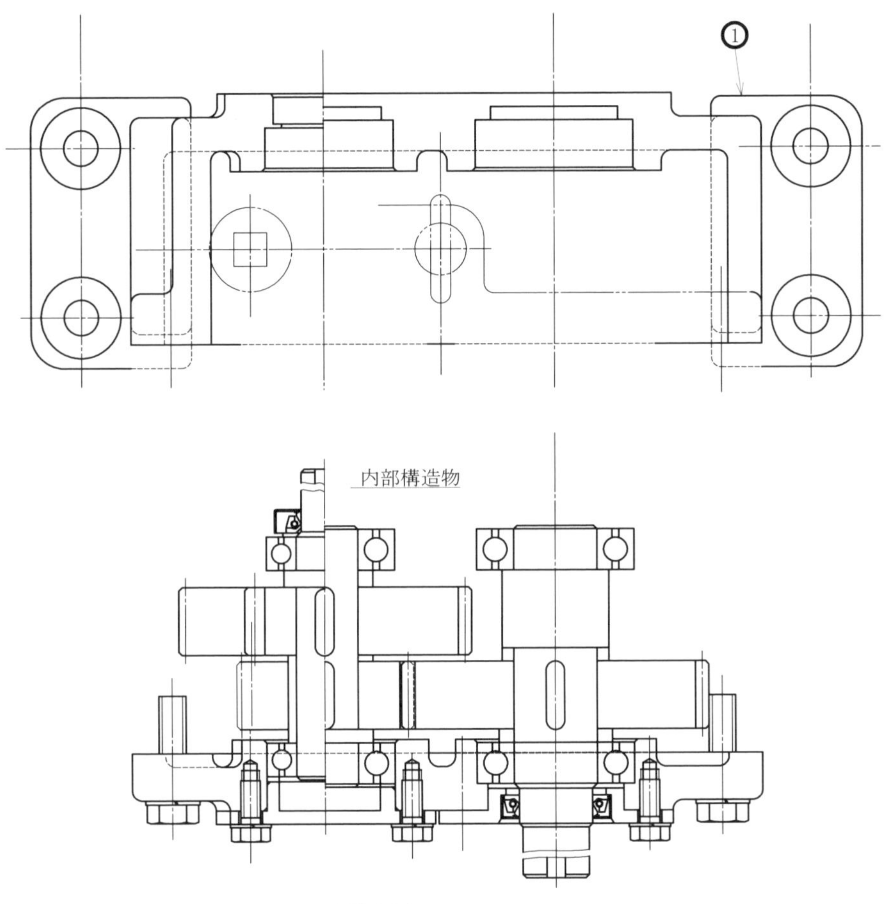

図 2-7　平面図の分解

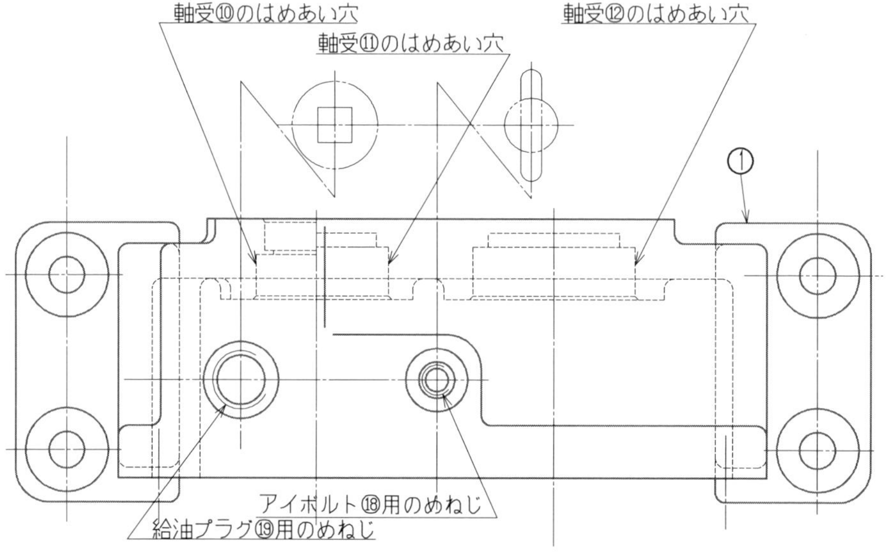

図 2-8 平面図

2-4-3　左側面図

解答図の左側面図は軸受⑩、⑪、⑫の３つのはめあい部の形状を、断面図で描くように指示されている。課題図の左側面図は外形図で示されており、本体①に属さない構成部品を取り外すと、**図 2-9** のようになる。最外形及びその付近の線は解答図に含まれるが、断面図を描く図面情報は含まれていない。**図 2-10** に示したように、断面図に必要のない図形は消去していく。軸受⑩及びオイルシール㉒のはめあい部の形状は、図 2-3 の“ほ部”に示されており、**図 2-11** に示したように断面図で示す。軸受⑪のはめあい部は、図 2-3 の“に部”に示されており、図2-11に示したように断面図で示す。軸受⑫のはめあい部は、図 2-3 の“は部”に示されており、図 2-11 に示したように断面図で示す。更に外形図の部分を断面図に変更すると、図 2-11 の左側面図ができあがる。

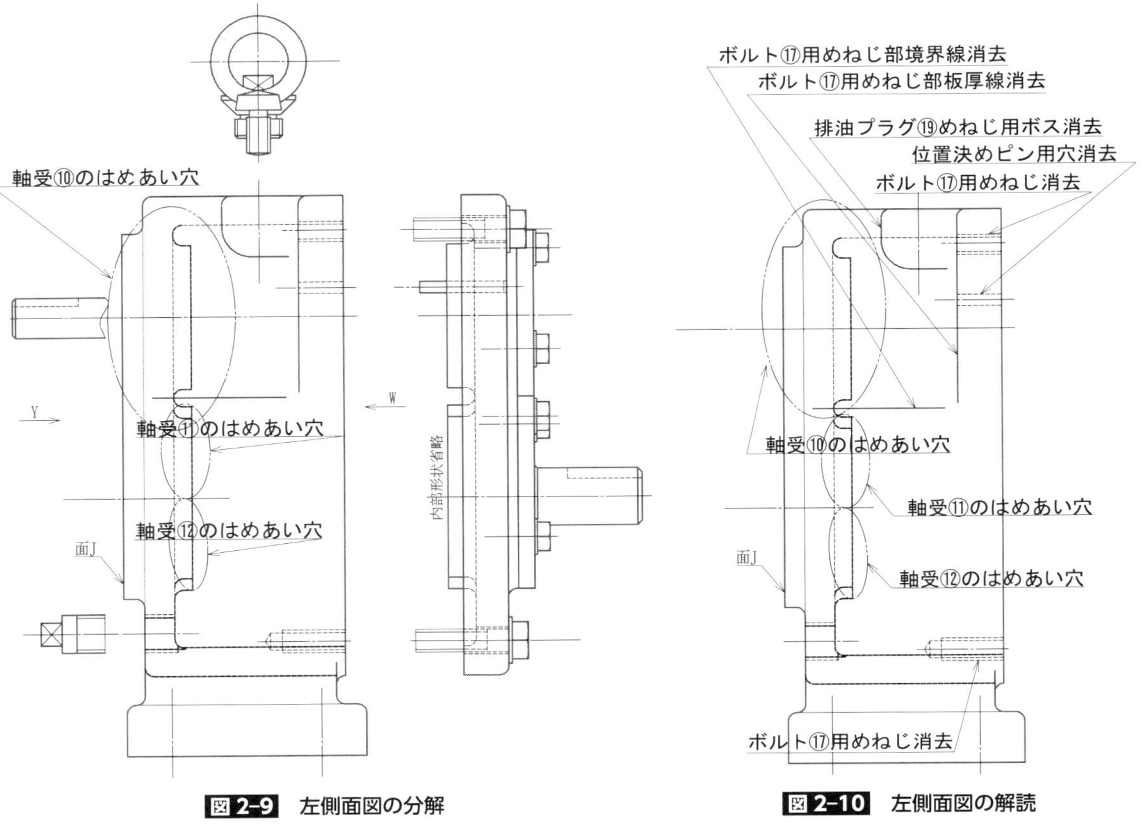

図 2-9　左側面図の分解

図 2-10　左側面図の解読

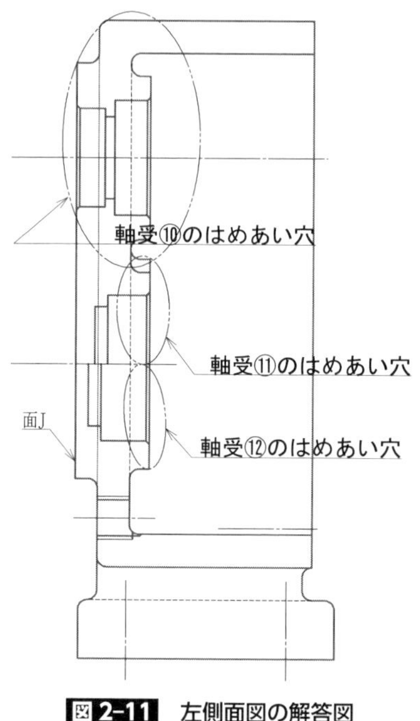

図 2-11 左側面図の解答図

2-5 寸法記入

2-5-1 左側面図の寸法記入

寸法記入の手順は重要な寸法及びその関連寸法を、一括で記入することにより記入漏れを防止できる。最も重要な寸法は、**図 2-12** に示したはめあい寸法である。“A-1” に示したのはオイルシール㉒を挿入するはめあい寸法で、呼び寸法 “φ30” と寸法許容差 “H8” である。寸法記入する場合に呼び寸法と寸法許容差を、同時進行で記入することにより、寸法許容差の記入漏れを防止できる。同時進行で記入する習慣付けをする。オイルシールを挿入するためには

重要寸法

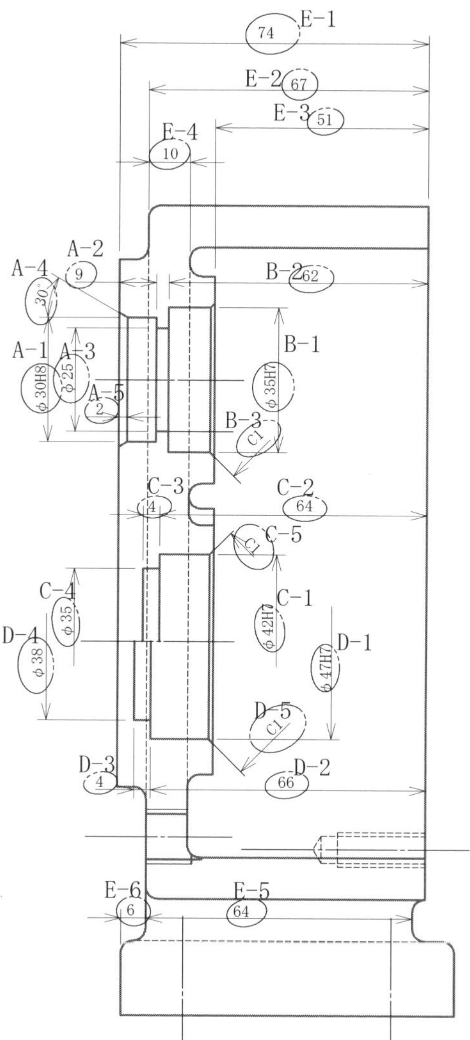

図 2-12　はめあい寸法と左側面図の寸法

“A-2”に示した深さ寸法、“A-3”に示した軸挿入部の寸法、オイルシールのような柔らかな部品を組み立てる場合の、“A-4”に示した30度の面取りと“A-5”に示した、面取り深さの指示が必要になる。以上の5つの寸法を、関連付けて記入することにより、寸法記入漏れを防止できる。“B-1”に示した軸受⑩を挿入する、はめあい寸法“φ35H7”と、“B-2”に示した深さ寸法と、はめあい部の入口の“B-3”に示した面取り寸法を、関連寸法として同時進行で記入する。“C-1”に示した軸受⑪を挿入する。はめあい寸法“φ42H7”と、“C-2”に示した深さ寸法と、“C-3”及び“C-4”に示した軸受⑪の変形による、内輪の移動時の干渉を防止する形状の寸法、がはめあい部の入口の“C-5”に示した面取り寸法を、関連寸法として同時進行で記入する。軸受⑫に関する“D-1～D-5”の寸法も一連の手順で記入する。本体①の寸法は主投影図に記入するが、記入できない寸法は“E-1～E-6”に示したように、左側面図に記入する。

2-5-2 主投影図の寸法記入

課題図の機能は歯車減速機であり、**図2-13**に示した“K-1～K3”の位置に軸受があり、軸間寸法が歯車の噛み合いを構成することから軸間寸法は寸法許容差が指示されている。“F-1”は出力軸⑤の高さを決める寸法で、“F-2”は入力軸③と中間軸④の間隔を指示する寸法で、寸法許容差が指示されている。この場合も呼び寸法と寸法許容差を、同時進行で記入していくと、記入漏れを防止できる。“F-3”は入力軸③の位置を示す寸法で、“F-4”は中間軸④と出力軸⑤の間隔を指示する寸法で、寸法許容差が指示されている。“G-1”は本体①の最大高さを指示している。“G-2、G-3”は本体①の縦横寸法を指示している。このような縦横の寸法を、同時進行を寸法指示することにより、記入漏れを防止できる。“H-1～H-6”は蓋②の外側の寸法を、一連で指示している。“J-1～J-10”は蓋②の内側の寸法を、一連で指示している。“K-1～K-3”は軸受収納部の外形寸法を指示している。“L-1～L-5”は蓋②の締付ボルト及び、位置決めピンの位置寸法を示している。以上のような一連の寸法は一連で寸法記入して記入漏れを防止する。“M-1”は排油プラグ⑳用のねじ位置寸法を示している。

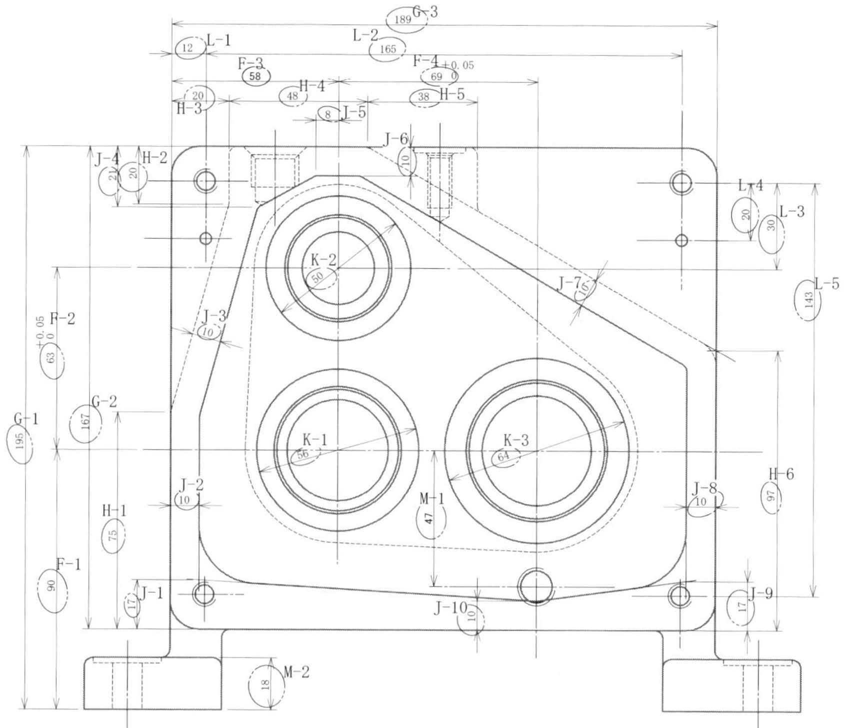

図 2-13　主投影図の寸法解説

“M-2” は本体①の取付部の厚さ寸法である。

2-5-3　平面図の寸法記入

図 2-14 に示した “N-1、N-2” は本体①の取付部の外形寸法で、“N-3〜N-7” は締付ボルト穴に関する位置寸法で、“N-1〜N-7” は同じ図に一連で寸法記入すると記入漏れが防止できる。“P-1、P-2” はアイボルト⑱及び給油プラグ⑲の配置部の形状寸法で、“P-3〜P-6” はアイボルト⑱及び給油プラグ⑲の位置寸法で、同じ図に一連寸法として記入する。

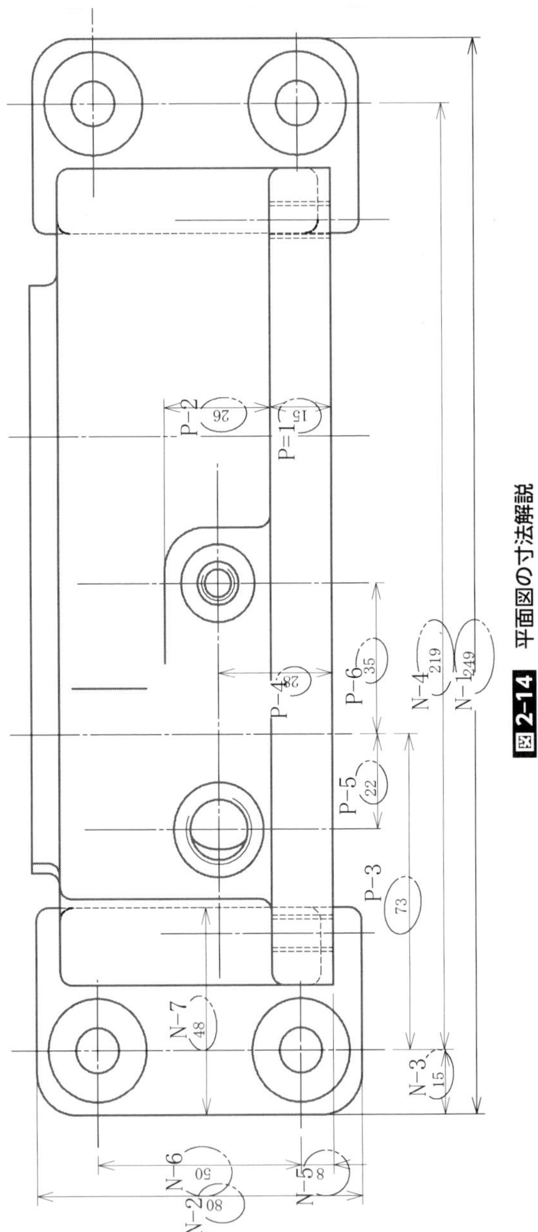

図 2-14　平面図の寸法解説

2-5-4　半径寸法とねじ、穴寸法記入

図 2-15 に示した“ア-1”は、鋳造部品の一般接続半径寸法を指示したもので、機械製図技能検定試験で、多用されている。“ア-2～ア-10”は、一般接続半径と異なる半径寸法を個別に指示したものである。機械製図技能検定試験においては、一般接続半径寸法に個別の寸法を記入すると、重複寸法で減点となり、一般接続半径寸法に属さない半径に寸法を記入しないと記入漏れで減点となる。“イ-1～イ-7”はねじ、穴寸法指示である。寸法記入に際しては、「2-3、指示事項（3）d」項に従って順に記入することにより、思い込みによる記入間違いと、記入漏れを防止できる。「1-1、部品図作成要領（8）」項の指示に従い深さ記号は使用しない。

2-5-5　幾何公差の記入

図 2-16 に示した“ウ-1～ウ-6”は、幾何公差の指示である。幾何公差の指示に関しては、「3-3　指示事項（3）h」項に従って順に記入することにより、思い込みによる記入間違いと、記入漏れを防止できる。

2-5-6　表面性状の指示、その他の指示

図 2-17（巻末）解答図に示した“ウ-1～ウ-6”は、オイルシール㉒及び軸受⑩の収納部の、表面性状の指示事項である。はめあい部“ウ-1、ウ-5”及びオイルシール組立時の導入部のテーパ面“ウ-2”は、“Ra1.6”を指示する。軸受及びオイルシールと接する面は、“Ra6.3”を指示する。組み立てにおいて他の部品と接しない面は“Ra25”を指示する。C 面取りする面には表面性状の指示をしない。“エ-1～エ-6”は軸受⑪及び⑫のはめあい部の、表面性状の指示である。“オ-1～オ-4”はその他の面の表面性状の指示である。“カ-1”は「3-1、部品図作成要領（7）」に指示されており、それに沿って指示する。“キ-1～キ-4”に断面指示位置を指示しており、“キ-5”は左側面図の描き方を指示している。

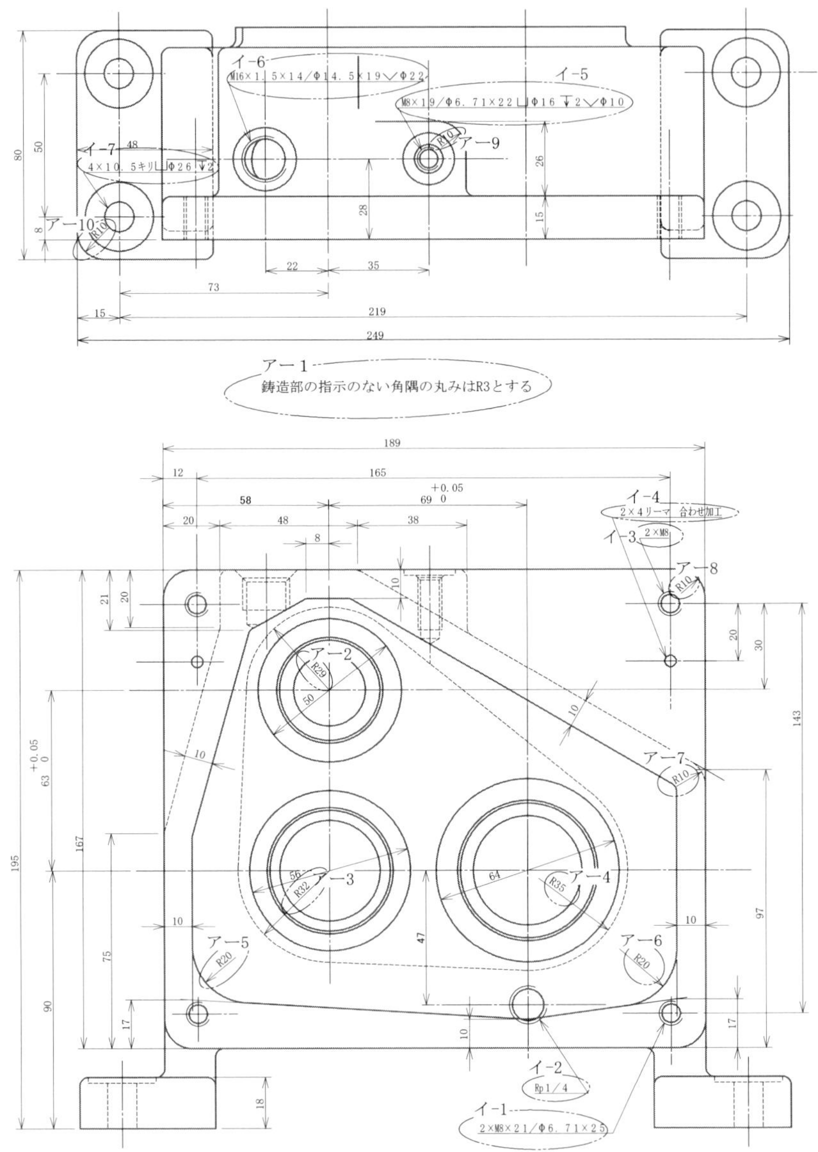

図 2-15 半径寸法とねじ、穴寸法

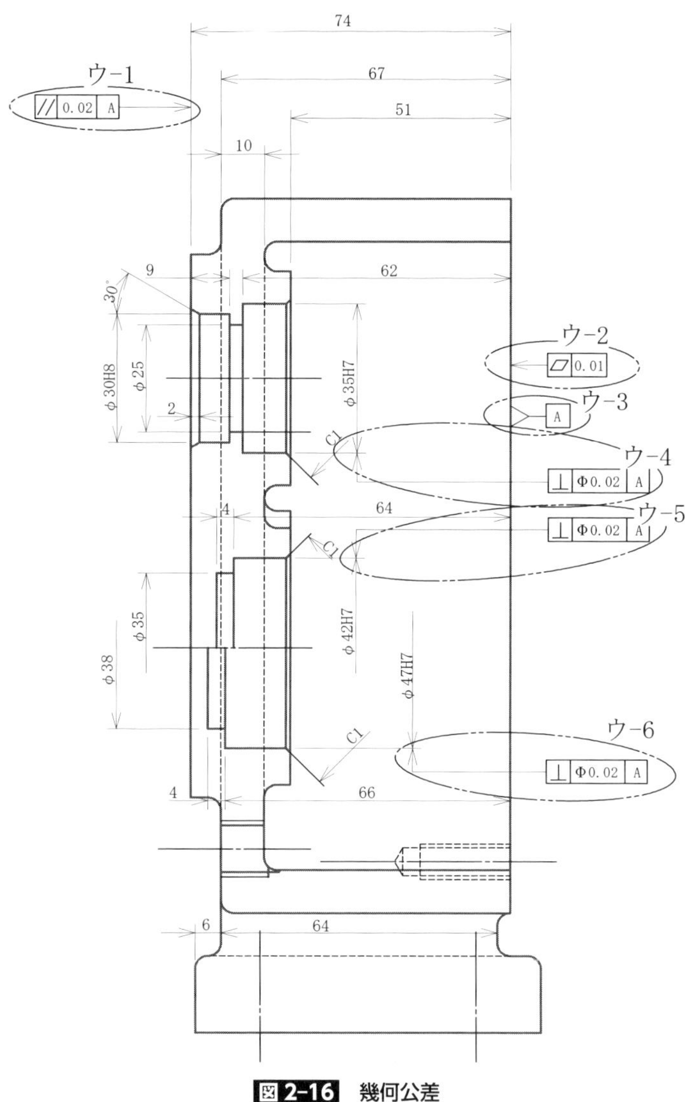
幾何公差
74
67
51
10
ウ-1
// 0.02 A
9
62
30°
φ30H8
φ25
2
φ35H7
ウ-2
0.01
ウ-3
A
C1
ウ-4
⊥ Φ0.02 A
4
64
ウ-5
⊥ Φ0.02 A
C1
φ35
φ42H7
φ38
φ47H7
ウ-6
C1
⊥ Φ0.02 A
4
66
6
64

図 2-16　幾何公差

第3章

令和４年度の２級実技課題の解読例

図 3-1（巻末）に示した課題図は、ある歯車減速装置の組立図を尺度 1：1 で描いたものである。次の注意事項及び仕様に従って、課題図中の本体①［材料 FC250］の図形を描き、寸法、寸法の許容限界、幾何公差、表面性状に関する指示事項等を記入し、部品図を作成する。

3-1 部品図作成要領

部品図作成要領は 1-1 項と共通である。

3-2 課題図の説明

課題図は、歯車減速装置の組立図を尺度 1：1 で描いたものである。主投影図は、課題図の A-A の断面図を示している。右側面図は、課題図の B から見た外形図を示している。平面図は、課題図の C から見た外形図で、中心線から下側は D-D の断面図を示している。

本体①は、「材料 FC250」の鋳鉄品で、必要な部分は機械加工されている。原動機（図示していない）の回転力は、2 つの深溝玉軸受⑩にて支持されている回転軸③と歯車④から、2 つの深溝玉軸受⑪にて支持されている歯車⑤、中間軸⑥及び小かさ歯車⑦を介して、両側に設けているすべり軸受⑫、ライナー⑬にて支持されている大かさ歯車⑧、出力軸⑨に伝達される。②は軸受カバー、⑭⑮はオイルシール、⑯は軸カバー、⑰はカバー、⑱⑲⑳は取付ボルト、㉑は閉止プラグである。

3-3 指示事項

(1) 本体①の部品図は、第三角法により尺度 1：1 で描く。

(2) 本体①の部品図は、**図 3-2** の配置で描く。

(3) 本体①の図は、主投影図、右側面図、平面図、断面図及び局部投影図と

図 3-2　解答図の配置

し、図 3-2 の配置で次の a～i により描く。

a　主投影図は、課題図の A-A の断面図とする。

b　右側面図は、課題図の B から見た外形図とする。

c　平面図は、課題図の C から見た外形図とし、対称図示記号を用いて中心線から上側を描く。

d　断面図は、課題図の E-E の断面図とし、断面の識別記号及び対称図示記号を用いて中心線から右側のみを描く。

e　局部投影図は、上記 d の断面図を、課題図の F から見た投影図として、取付ボルト⑩用のねじ穴に関して、対称図示記号を用いて中心線から右側のみを描く。

f　ねじ類は、次による。

イ　取付ボルト⑩のねじは、メートル並目ねじ、呼び径 8mm である。これ用のめねじの下穴径は、6.71mm とする。

ロ　取付ボルト⑩のねじは、メートル並目ねじ、呼び径 5mm である。これ用のめねじの下穴径は、4.18mm とする。

ハ　取付ボルト⑩のねじは、メートル並目ねじ、呼び径 5mm である。これ用のめねじの下穴径は、4.18mm とする。

ニ　本体①の取付ボルト（図示してない）用のきり穴は直径 10mm で、黒皮面には、直径 20mm、深さ 1mm のざぐりを施す。

ホ　閉止プラグ⑤用のねじは、管用テーパねじ呼び 1/8 である。これ用のめねじは管用テーパめねじとする。

g　深溝玉軸受⑩の呼び外径は 40mm、深溝玉軸受⑨の呼び外径は 47mm

である。

h　次により幾何公差を指示する。

イ　軸受カバー②の入る穴の軸線をデータムとし、深溝玉軸受⑩の入る穴の軸線の同軸度は、その公差域が直径0.05mmの円筒内にある。

ロ　深溝玉軸受⑥の入る穴の軸線をデータムとし、深溝玉軸受⑩の入る穴の軸線の平行度は、その公差域が直径0.05mmの円筒内にある。

ハ　深溝玉軸受⑨の入る穴の軸線をデータムとし、すべり軸受⑩の入る穴の軸線の直角度は、その公差域が直径0.05mmの円筒内にある。

i　鋳造部の角隅の丸みは、R3についてのみ個々に記入せず、紙面の余白に「鋳造部の指示のない角隅の丸みはR3とする」と注記し、一括指示する。

3-4　図形の解読と作図

課題図に示された本体①は、一般板厚が6mmで、めねじを加工する箇所と軸受を組込む箇所に肉厚部を構成する構造で、かさ歯車⑦、⑧を組込む空間と歯車⑤、⑥を収納する空間で構成されている。

3-4-1　主投影図

課題図の主投影図はA-A断面で描かれており、解答図もA-A断面図を描くよう指示されている。**図3-3**に示したように、課題図に図示されている「ア部の歯車⑤、かさ歯車⑦、⑧、軸受⑩、サブアッセンブリー」を取り外した図形を描く。かさ歯車⑧を取り外したときに図中の"R部"に表れる形状は主投影図には描かれていないことから、解答図の平面図を読み取って描く。同様に「イ部の歯車④、軸受⑩、オイルシール⑭、サブアッセンブリー」を取り外した図形を描く。軸受⑩、⑪、は本体①と「ウ部の軸受カバー②」に各1個組み込まれて軸を支えており、本体①と軸受カバー②ははめあい関係で、相互の位置を保証する構造であり、それを"S0部"から読み取り、解答図には"S1部"

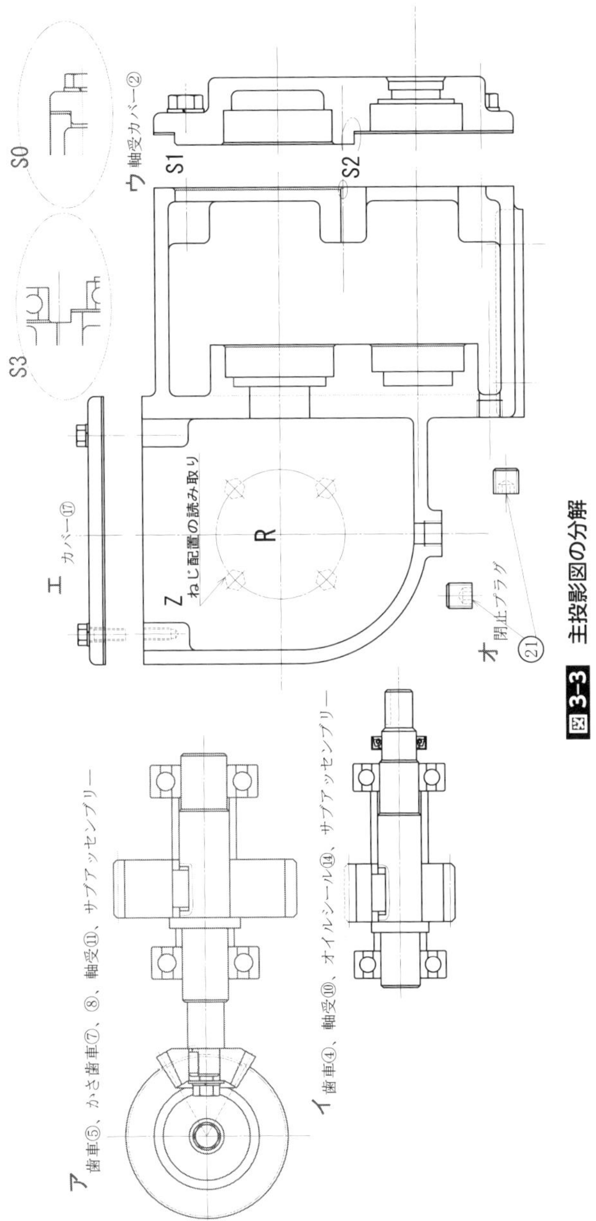
ア 歯車⑤、かさ歯車⑦、⑧、軸受⑪、サブアッセンブリー
イ 歯車④、軸受⑩、オイルシール⑭、サブアッセンブリー
ウ 軸受カバー②
エ カバー⑰
オ 閉止プラグ
㉑
S0
S1
S2
S3
Z ねじ配置の読み取り
R

図3-3 主投影図の分解

のように描く。はめあい部の入口の面取り形状を図示する。“S2 部”に示した部分は、課題図では“S3 部”のように軸受カバー②の形状線を描いているが、本体①の形状は右側面図から読み取って描く。カバー⑰を取り外した時に、組立図のボルト形状を取り外す。閉止プラグ㉑を取り外す。**図 3-4** の平面図のすべり軸受⑫収納部から“R 部”の図形を描くと、**図 3-5** に示した主投影図となる。

3-4-2 平面図

課題図の平面図は、回転軸③の中心線から下側が出力軸⑨の中心線の断面で描かれており、上側が外形図で描かれている。解答図は回転軸③の中心線から下側を省略して、上側の外形図を描くように指示されている。**図 3-6**（巻末）に平面図の分解を示した。「サ部の歯車⑤、かさ歯車⑦、軸受⑪のサブアッセンブリー」を取り外すと、軸受⑪のはめあい部が表れる。この部分は主投影図に示されている。「U 部の肉厚部」、「S4 部のはめあい部」は主投影図に示されている。「シ部のかさ歯車⑦、⑧、すべり軸受⑫のサブアッセンブリー」を取り外すと、すべり軸受⑫の、はめあい穴が表れる。「T 部のはめあい部」は断面図に示される。「ス部の軸受カバー②」を取り外すと表れる「S4 部のはめあい部」は、主投影図に示されている。**図 3-7** に示したのは、カバー⑰を取り外したときの作図の手順で、「セ部のカバー⑰とボルト⑳」を取り外すと、「ソ部」に示したように、本体①の外形線と、めねじのかくれ線が表れる。言うまでもなく、カバー⑰の外形線と本体①のカバー⑰組付け部は同じ形状である。閉止プラグ㉑関連以外のかくれ線は、図 3-7 に「V 部」に示したように、全て外形線に置き換える。閉止プラグ㉑を組付けるねじの下穴線は平面視で外形線として現れる。「W 部」に示したねじの谷径の線は、主投影図にねじ指示をすれば、平面図では省略することが可能である。同様にねじ加工部の肉厚部の、形状線を示す円形も、主投影図に寸法で、円形であることを示すことにより、省略することが可能である。「X 部」のかくれ線はかさ歯車⑦、⑧、を収納する空間の内側の線と、取付ボルト組付け穴のある部分の外形線が重なっており、正確に読み

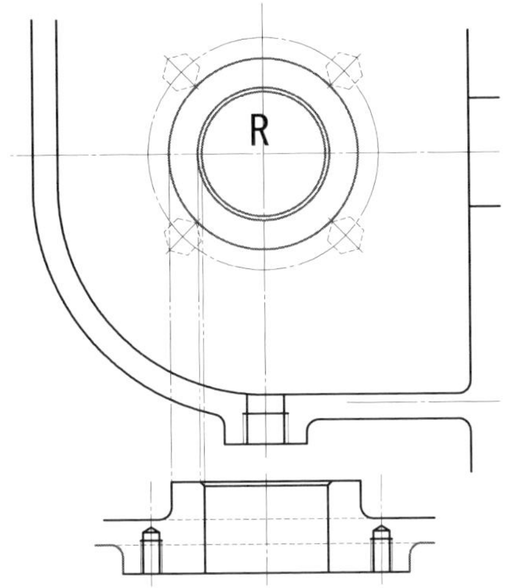

図 3-4　はめあい部の読み取り

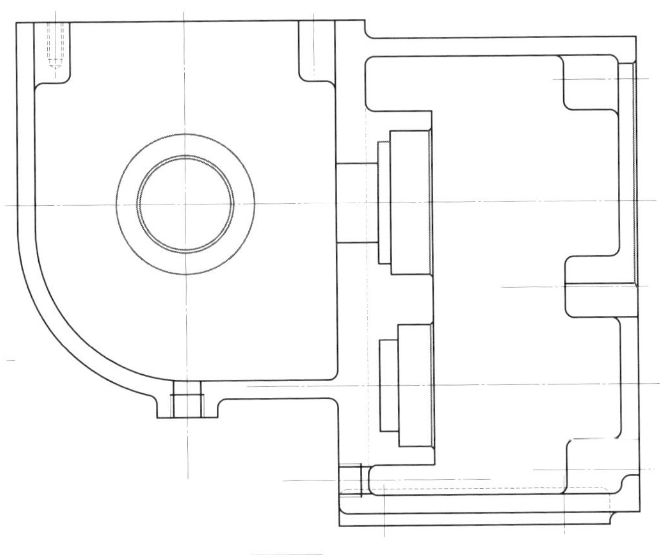

図 3-5　主投影図

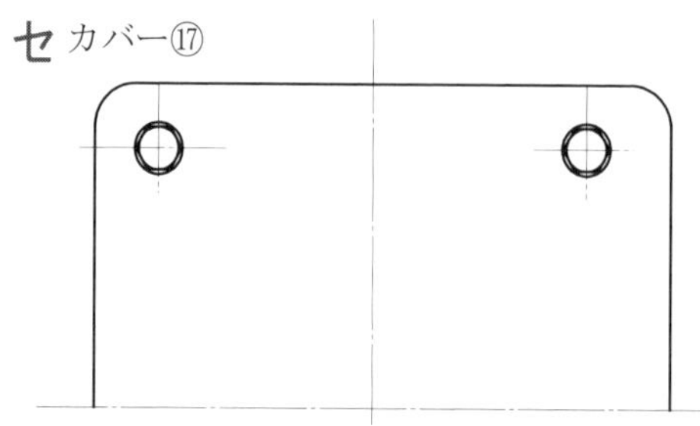

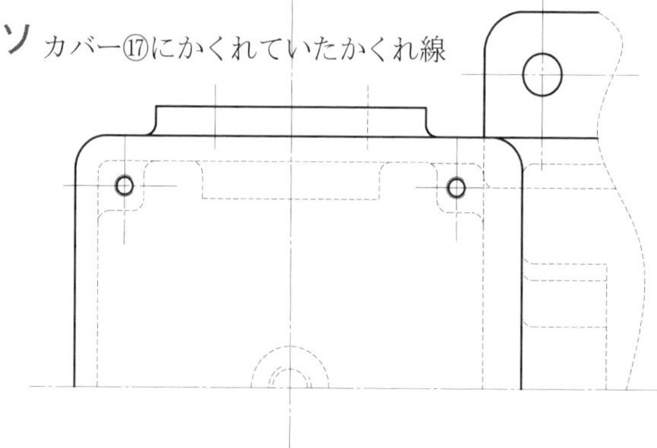

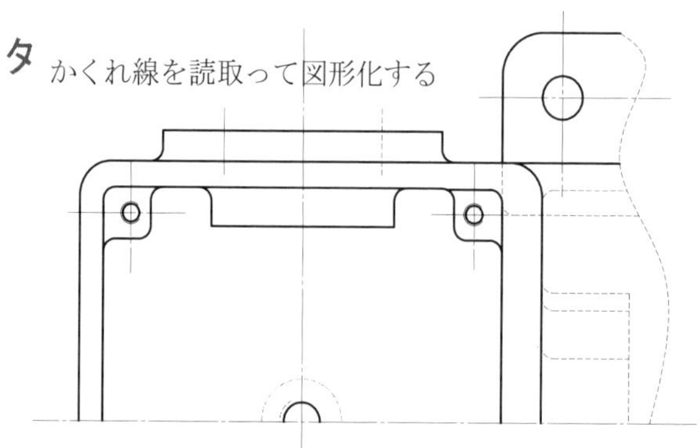

図 3-7 カバー⑰を取り外す

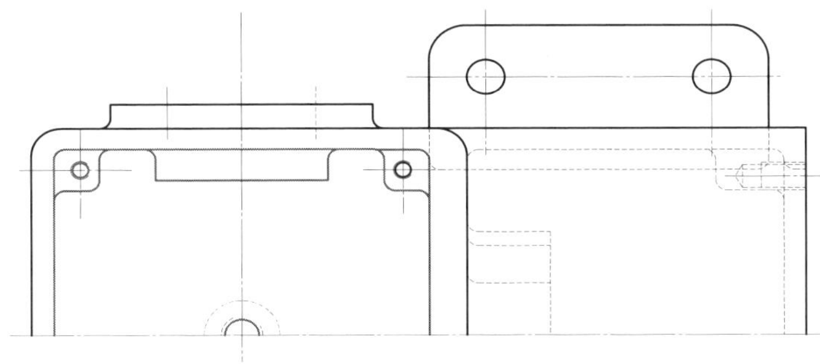

図 3-8　平面図

取って、かくれ線を描き忘れないようにする。**図 3-8** に解答図の平面図を示す。

3-4-3　右側面図

課題図の右側面図は外形図で示されており、解答図の右側面図も外形図を指示されている。**図 3-9** にカバー⑰と左右の軸カバー⑯を、取り外した図を示している。**図 3-10** にカバー②を取り外した外形線の内側のねじ及び内部構造のかくれ線を示している。上下の中心線から左側にハッチングで示したのは、軸受カバー②と合わせ面となる本体①を示している。合わせ面は左右対称であるが、中心線から右側のハッチングは省略してある。「ナ部」に示したのは、軸カバー②のはめあい部で、面取り線は省略してある。「ニ、ヌ、ネ部」は、歯車⑤を示す線である。「ニ、ミ部」は軸受⑩、⑪を収納する肉厚部の外形線である。「ハ、ヒ部」は軸⑥に関連する線である。「フ部」は軸受カバー②のはめあい部の形状線である。「ヘ、ホ部」はかさ歯車⑦、⑧収納部の内側、外側の線である。「マ-1、マ-2 部」は閉止プラグ㉑と、プラグのめねじ用の肉厚部である。「ム、メ、モ部」は、歯車⑥を示す線である。以上の情報から構成部品の図形線と、かさ歯車⑦、⑧の収納部の線を消去すると、**図 3-11** に示した本体①の図となる。**図 3-12** は外形の形状線を太い実線で示している。「ヤ、ユ部」は軸受カバー②のはめあい部を示している。「ヨ、ラ、リ部」は軸受⑪のはめあい部を示している。「ル部」は軸⑥の通し穴を示している。「レ、ロ、ワ部」は軸受⑪のは

カバー⑰、軸カバー⑯（2個）を取外す

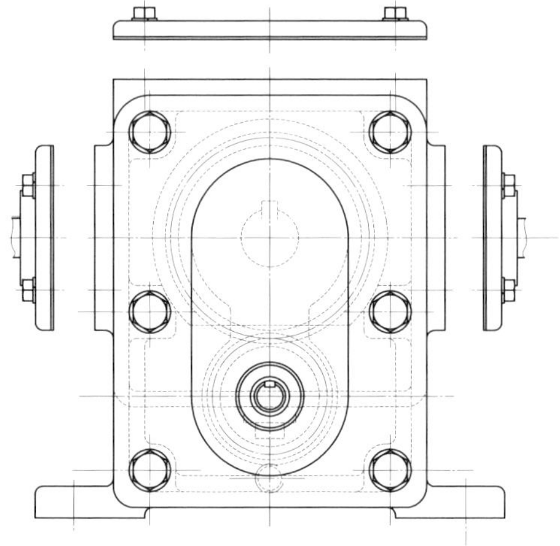

図 3-9　右側面図の分解

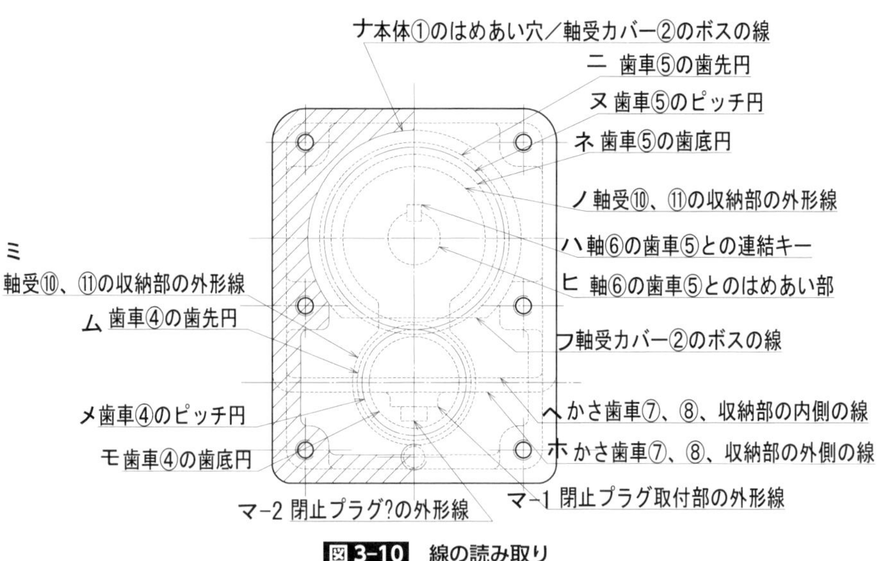

図 3-10　線の読み取り

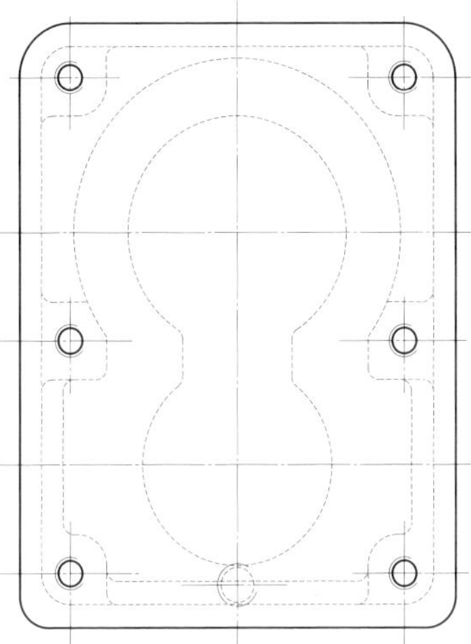

図3-11　図形線の消去

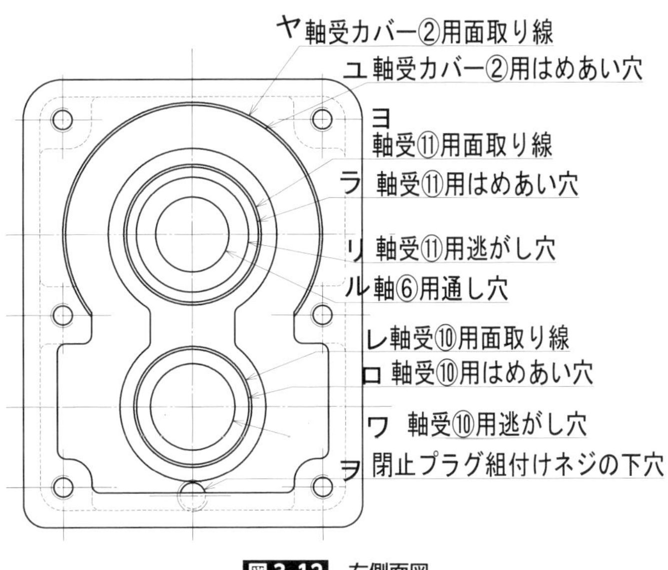

図3-12　右側面図

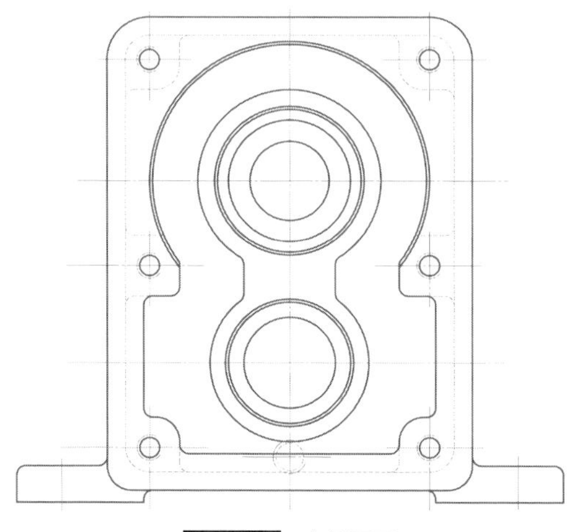

図 3-13 右側面図

めあい部を示している。「ヲ部」は閉止プラグ㉑用のねじの下穴を示している。**図 3-13** に右側面図を示した。

3-4-4 断面図と局部投影図

図 3-10 から、かさ歯車⑦、⑧を収納する「へ、ホ部」と、外形形状及び一般板厚 6mm を読み取ると、**図 3-14** ができあがる。そこへ図 3-14 で示した、すべり軸受⑫の勘合部の形状「い部」、図 3-14 に示したねじ加工部の厚肉形状「あ部」を組込むと**図 3-15** ができあがる。局部投影図は図 3-3 に示した、ねじの配置を読取り図示する。

3-5 寸法記入等

3-5-1 ねじ穴寸法と関連寸法

図 3-16 に示した平面図の寸法記入の例は、「4×M5…」のねじ指示した図に、

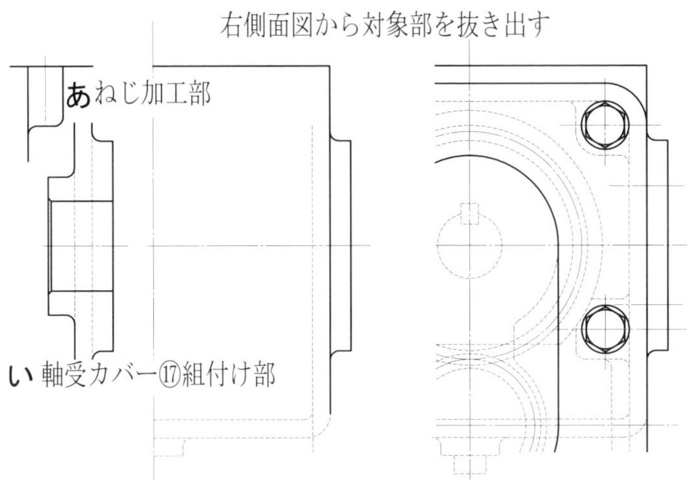

図 3-14　断面図読み取り

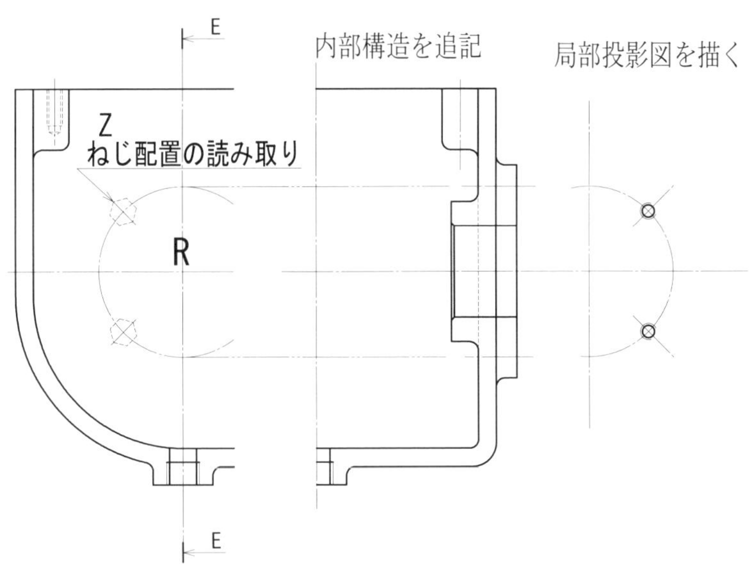

図 3-15　断面図

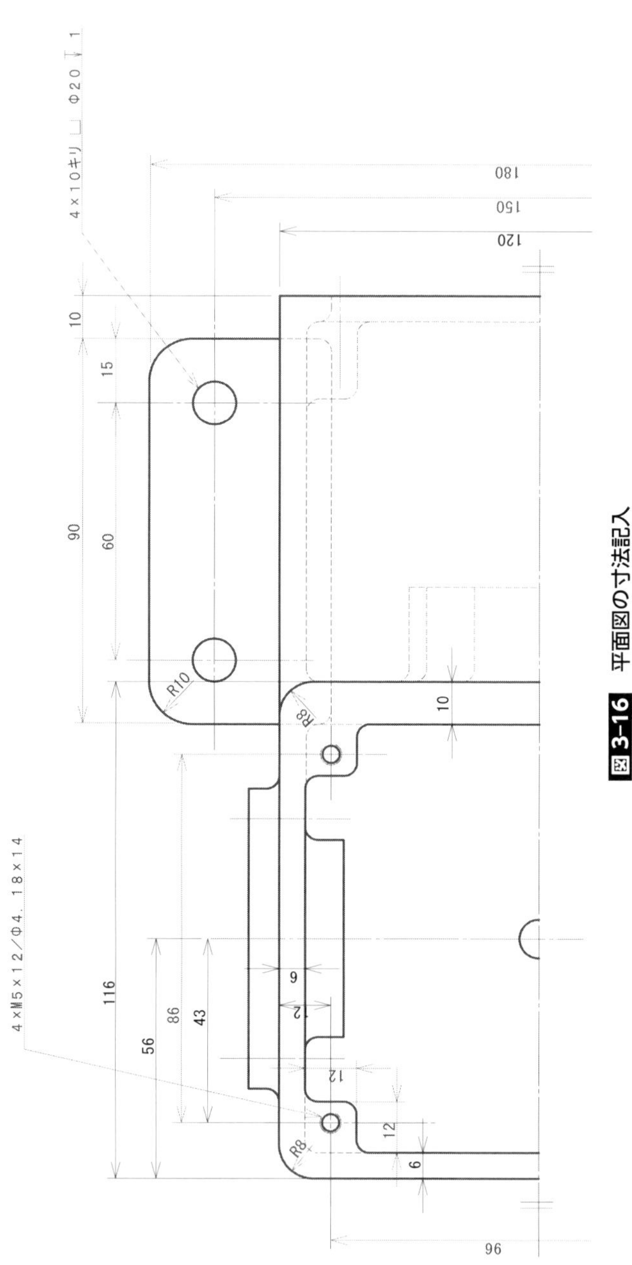

図3-16 平面図の寸法記入

ねじの位置寸法“86×96”他、及びねじ加工面の大きさ寸法“116×120”他、を一括指示したものである。同様に「4×10 キリ…」の穴指示した図に、穴の配置寸法“60×150”他、及び加工面の大きさ寸法“90×180”他を一括指示したものである。このようにねじ、穴指示した図に関連寸法を一括指示することにより、寸法記入漏れを防止できる。

3-5-2　はめあい関連寸法

図 3-17 に示したのは、主投影図の軸受⑪のはめあい部に関する、寸法と表面性状の指示である。“φ47H7”は、はめあい寸法で、入口には“C1”の面取り表面性状は、“Ra1.6”を指示している。“φ40”は、軸受にスラスト方向の力が加わった時に、軸受の内輪が組付け部の壁に擦るのを防止するための逃がし形状であり、転がり軸受の組付け部は、必ずこの形状となる。このことに関する知識があれば、課題図を間違えることなく、解答図を作成できる。円筒面も

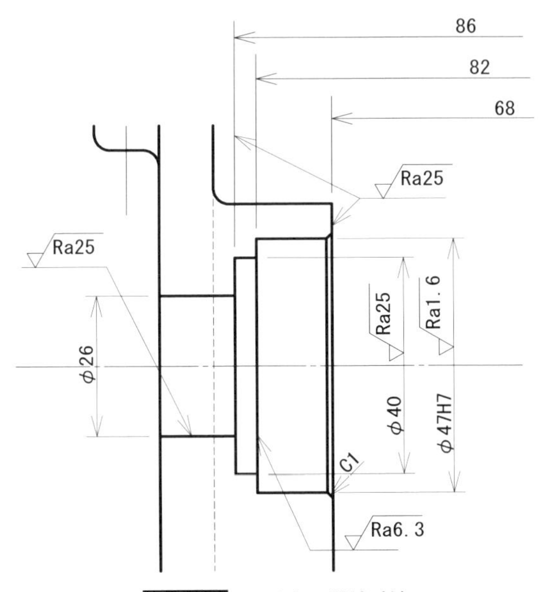

図 3-17　はめあい関連寸法

底面も非接触面であり、表面性状は“Ra25”を指示する。軸受⑪の関連の深さ寸法“68、82、86”は、**図 3-18**（巻末）に“R”で示した軸受カバー②の取付面から寸法記入して、加工する作業者の測定が容易になるように配慮する。

3-5-3 解答図

図 3-18 に解答図の例を示した。

第4章

令和２年度の１級実技課題の解読例

1級の課題は紙面の大きさと情報量に圧倒されて、取り組むことに躊躇されると聞き及んでいるが、機械部品の1例として読み下せば、何も恐れるに足りないと考えるべき。紙面サイズが“A1”で大きいですが、時間をかけて基本に忠実に読み解けば、答えはできあがる。重要な点は、読み進める方法を理解すること。じっくりと読み進めることにより、答えが見えてくる。これにより、あなたの読解力は大きく向上するでしょう。

図4-1（巻末）に示した課題図は、工作機械の送り部分を尺度1：2で描いている。次の作成要領等にしたがって、課題図中の本体①（(1-1)～(1-13)で構成されている鋼材［SS400］の溶接組立品）及び作動軸⑧（S35C）の図形を描き、寸法、寸法の許容限界、幾何公差、表面性状に関する指示事項及び溶接記号等を記入し、部品図を完成させる。

4-1 部品図作成要領

基本的には2級課題と同じであり、1-1項を参照するが、解答用紙がA1サイズとなり、輪郭線が外周から20mmと変更になり、溶接記号に関する項が追加されている。溶接の指示は、課題図に記してあるように、溶接の種類、寸法等は溶接記号で指示する。

4-2 課題図の説明

課題図は、工作機械の送り部分を尺度1：2で描いてある。

主投影図は、課題図のA-Aの断面図で示している。

左側面図は、課題図のBから見た外形図で示している。

平面図は、課題図のDから見た外形図で、一部をE-Eの断面図で示してある。

本体①は、鋼材「SS400」からなり、溶接組立後、焼きなましのうえ、機械加工されている。

作動軸⑧は、鋼材（S35C）で、焼きならし後、全面機械加工されている。送り作動用の回転力は、入力軸②から、かさ歯車④、かさ歯車⑦、作動軸⑧及び、はすば歯車⑨を介して伝達される。③は軸受ホルダ、⑤は軸受保持器、⑥は軸受押さえ、⑩は深溝玉軸受、⑪は閉止カバー、⑫、⑬はパッキン、⑭は転がり軸受用ロックナット、⑮は転がり軸受用座金、⑯は止め輪、⑰はＯリング、⑱、⑲、⑳、㉑、㉒は取付ボルト、㉓は平行ピン、㉔は閉止プラグである。

4-3　指示事項

(1)　本体①及び作動軸⑧の部品図は、第三角法により尺度１：２で描く。

(2)　本体①及び作動軸⑧の部品図は、**図 4-2** により示された配置で描く。

(3)　本体①の図は、主投影図、右側面図、下面図、部分投影図及び局部投影図とし、部材の照合番号を含めて図 4-2 の配置で、下記ａ～ℓにより描く。

ａ　主投影図は、課題図の A-A の断面図で描く

ｂ　右側面図は、課題図のＣから見た外形図で描く。

ｃ　下面図は、課題図のＦから見た外形図で描く。

ｄ　部分投影図は、図 4-1 のＢから見た外形図とし、部材(1-2)(1-3)(1-6)(1-8)及び(1-9)をかくれ線を含めて描き、対象図示記号用いて、中心線から左側を描く。(1-9)は溶接する前にねじ加工をすると指示する。

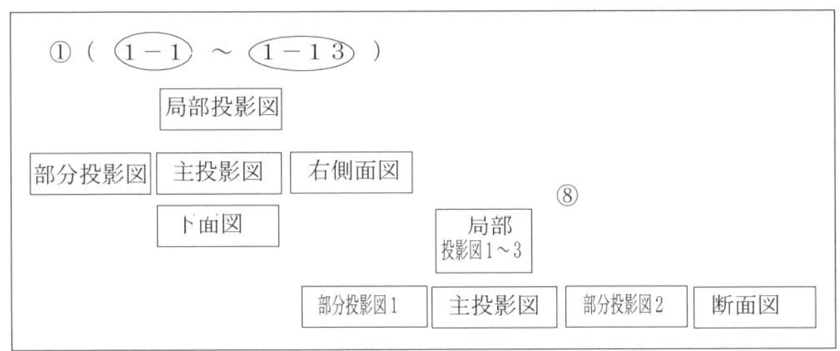

図 4-2　図形配置

e　局部投影図は、図 4-1 の D から見た部材(1-7)のねじに関してのみ描き、対象図示記号を用いて中心線から上側のみを描く。

f　O リング⑰の溝部は、幅寸法 7.5mm、許容差＋0.25/0mm、溝底の径寸法は 100mm、公差は h9 とし、表面性状は全て Ra3.2 と指示する。

g　O リング⑰用の面取り角度は 30° とし、軸方向の面取り長さ寸法は 4mm とする。

h　ねじ類は下記による。

イ　軸受カバー③の取付ボルト⑱のねじは、メートル並目ねじ呼び径 8mm である。これ用のめねじの下穴径は、6.71mm とする。

ロ　閉止カバー⑪の取付ボルト⑲のねじは、メートル並目ねじ呼び径 8mm で、（溶接前加工）と追記する。

ハ　軸受保持器⑤の⑳取付ボルトのねじは、メートル並目ねじ呼び径 10mm である。これ用のめねじの下穴径は 8.46mm である。

ニ　本体①の取付ボルト㉑の入るキリ穴は、直径 18.5mm で、黒皮面に直径 35mm、深さ 1mm のざぐりを指示する。

ホ　本体①の位置決め用平行ピン㉓（対称 2ヶ所）は、呼び径 10mm である。この穴加工は、リーマ加工とし合わせ加工を指示する。

ヘ　閉止プラグ㉔のねじは、管用テーパねじ呼び 1/2 である。これ用のめねじは、管用テーパねじである。

i　深溝玉軸受⑩の呼び外径は、直径 80mm である。

j　下記のより幾何公差を指示する。

イ　軸受保持器⑤の入る穴の軸線をデータムとして、深溝玉軸受⑩（左側）の入る穴の軸線の直角度は、公差域が直径 0.02mm の円筒内にある。

ロ　深溝玉軸受⑩（左側）の入る穴の軸線をデータムとし、深溝玉軸受⑩（右側）の入る穴の軸線の同軸度は、公差域が直径 0.02mm の円筒内にある。

k　課題図中の Φa 寸法の穴側の許容差は＋0.15～＋0.05mm であり、はめあい部のすきまが0.25～0.05mmになるように軸側の許容差を計算して記入する。

ℓ　本体①を構成している各部材の照合番号（(1-1)～(1-13)）を図中に記入する。

(4)　作動軸⑧の部品図は、主投影図、断面図、部分投影図１、２及び局部投影図1～3を図4-2に図示した配置で下記のａ～ℓにより描く。

a　主投影図は、課題図のＧから見た外形図とする。

b　断面図は、断面の識別記号を用いて、はすば歯車⑨のキー溝部の断面を描く。寸法公差等は、次の表から読み取って指示する。キー溝の寸法公差は普通型とする。

c　部分投影図１は、Ｂから見た外形図とし、かさ歯車⑦の入る軸の形状までを描く。

寸法公差等は、次の表から読み取って指示する。キー溝の寸法公差は普通型とする。

d　部分投影図２は、Ｃから見た外形図とし、先端のねじ部の形状を描く。

e　局部投影図1～3は、かさ歯車⑦と、はすば歯車⑨のキー溝形状及び転がり軸受用座金⑮の溝形状に関して描く。

f　止め輪⑯の入る溝底の径寸法は47mm、許容差は0/－0.25mm、幅寸法は2.2mm、幅の許容差は＋0.14/0mmとする。

g　深溝玉軸受⑩（両側）部の公差は、m5とする。

h　軸の表面性状は、深溝玉軸受⑩（両側）とのはめあい部及びキー溝幅面、かさ歯車⑦とはすば歯車⑨のはめあい部はRa1.6とする。キー溝の底面、かさ歯車⑦とはすば歯車⑨の当たり面、深溝玉軸受⑩（両側）、の当たり面はRa6.3とする。

そのほかの部分は全てRa12.5とし、一括指示する。

i　かさ歯車⑦の取付ボルト㉒のねじは、メートル並目ねじ、呼び径16mmである。これ用のめねじの下穴径は、13.9mmとする。

j　転がり軸受用ロックナット⑭のねじは、メートル細目ねじ、呼び径

35mm、ピッチ1.5mmである。

k　下記により幾何公差を指示する。

イ　深溝玉軸受⑩（左側）とのはめあい部の円筒度は、公差域が0.01mm離れた同軸円筒の間にある。又、はめあい部の中心軸線は、軸受保持器⑤のはめあい部の、中心軸をデータムとして、直角度は0.02mm以内である。

ロ　深溝玉軸受⑩（左側）とのはめあい軸線をデータムとし、深溝玉軸受⑩（右側）の入る軸部の軸線の同軸度は、公差域が直径0.02mmの円筒内にある。

ℓ　**表4–1**：キーの寸法表、**表4–2**：座金の寸法表、**表4–3**：止め輪の寸法表を示した。構造を理解して表から関連寸法を読み取り、図中に記入する。

4–4　溶接指示

下記の中で「外側」又は「内側」とあるのは、本体①の外側又は内側を示す。溶接は全て連続溶接を指示する。

(1)　(1–1)と(1–5)との溶接は、開先を(1–5)側として、内側全周レ形溶接、開先深さ8mm、溶接深さ8mm、開先角度35°、ルート間隔0mm、外側全周すみ肉溶接脚長6mm。

(2)　(1–1)と(1–10)との溶接は、開先を(1–10)側として、Oリング溝側レ形溶接、開先深さ8mm、溶接深さ8mm、開先角度35°、ルート間隔0mm、反対側すみ肉溶接脚長6mm。

(3)　(1–2)と(1–3)との溶接は、外側V形溶接、開先深さ6mm、溶接深さ8mm、ルート間隔0mm、内側すみ肉溶接脚長6mm。

(4)　(1–3)と(1–6)との溶接は、両側すみ肉溶接脚長6mm。

(5)　(1–4)と(1–6)との溶接は、両側すみ肉溶接脚長6mm。

(6)　(1–5)と(1–2)、(1–3)、(1–4)との溶接は、両側全周すみ肉溶接脚長

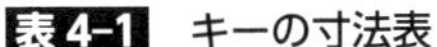
表4-1　キーの寸法表

キー溝の断面

(単位 mm)

キーの呼び寸法 $b \times h$	b_1 および b_2 の基準寸法	滑動形 b_1 許容差 (H9)	滑動形 b_2 許容差 (D10)	普通形 b_1 許容差 (N9)	普通形 b_2 許容差 (Js9)	締込み形 b_1 および b_2 許容差 (P9)	r_1 および r_2	t_1 の基準寸法	t_2 の基準寸法	t_1 および t_2 の許容差	参考 適応する軸径* d
2×2	2	+0.025 0	+0.060 −0.020	−0.004 −0.029	±0.0125	−0.006 −0.063	0.08～0.16	1.2	1.0	+0.1 0	6～8
3×3	3							1.8	1.4		8～10
4×4	4	+0.030 0	+0.078 +0.030	0 −0.030	±0.0150	−0.012 −0.042		2.5	1.8		10～12
5×5	5						0.16～0.25	3.0	2.3		12～17
6×6	6							3.5	2.8		17～22
(7×7)	7	+0.036 0	+0.098 +0.040	0 −0.036	±0.0180	−0.015 −0.051		4.0	3.3	+0.2 0	20～25
8×7	8							4.0	3.3		22～30
10×8	10						0.25～0.40	5.0	3.3		30～38
12×8	12	+0.043 0	+0.120 +0.050	0 −0.043	±0.0215	−0.018 −0.061		5.0	3.3		38～44
14×9	14							5.5	3.8		44～50
(15×10)	15							5.0	5.3		50～55
16×10	16							6.0	4.3		50～58
18×11	18							7.0	4.4		58～65

6mm。

(7)　(1-7)と(1-2)との溶接は、両側全周すみ肉溶接脚長4mm。

(8)　(1-8)と(1-2)、(1-3)、(1-6)との溶接は、両側全周すみ肉溶接脚長4mm。

表4-2 軸受ワッシャ

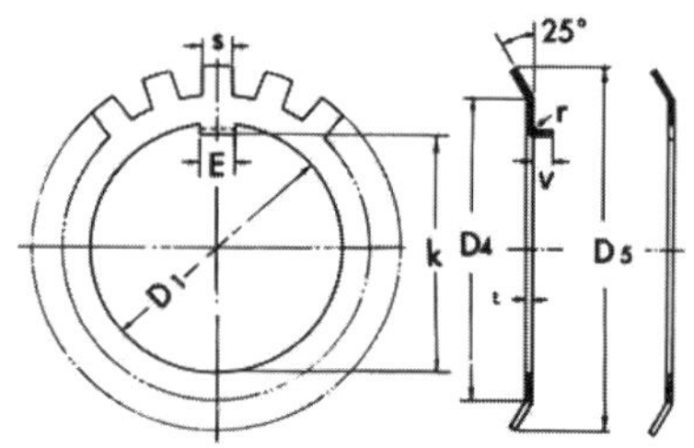

品番	内径 D1 (Φmm)	寸法 D4 (mm)	寸法 D5 (mm)	寸法 E (mm)	寸法 V (mm)	寸法 k (mm)	寸法 r (mm)	寸法 s (mm)	寸法 t (mm)
AW00	10	13	21	3	2	8.5	0.5	3	1
AW01	12	17	25	3	2	10.5	0.5	3	1
AW02	15	21	28	4	2.5	13.5	1	4	1
AW03	17	24	32	4	2.5	15.5	1	4	1
AW04	20	26	36	4	2.5	18.5	1	4	1
AW05	25	32	42	5	2.5	23	1	5	1.2
AW06	30	38	49	5	2.5	27.5	1	5	1.2
AW07	35	44	57	6	2.5	32.5	1	5	1.2
AW08	40	50	62	6	2.5	37.5	1	6	1.2
AW09	45	56	69	6	2.5	42.5	1	6	1.2
AW10	50	61	74	6	2.5	47.5	1	6	1.2

(9) (1-9)と(1-8)との溶接は、両側全周すみ肉溶接脚長4mm。

(10) (1-11)と(1-5)との溶接は、全周すみ肉溶接脚長4mm。

(11) (1-11)と(1-10)との溶接は、全周すみ肉溶接脚長4mm。

(12) (1-12)と(1-5)との溶接は、全周すみ肉溶接脚長4mm。

(13) (1-12)と(1-10)との溶接は、全周すみ肉溶接脚長4mm。

(14) (1-13)と(1-1)との溶接は、全周すみ肉溶接脚長4mm。

(15) (1-13)と(1-5)との溶接は、全周すみ肉溶接脚長4mm。

表 4-3　軸用止め輪

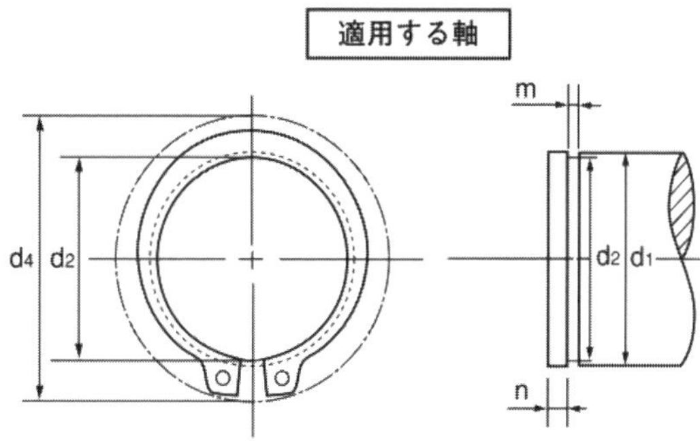

d4は止め輪をd1にはめる時の外周の最大径
（クリアランス外径）

サイズ No.		止め輪 d3 基本寸法	d3 公差	t 基本寸法	t 公差	b 約	a 約	d0 最小	d4（参考）	適用する軸 d1	d2 基本寸法	d2 公差	m 基本寸法	m 公差	参考 n 最小
STW-	※ 3	2.7	+0.04 −0.15	0.25	±0.025	0.5	1.7	0.7	7	3	2.85	0 −0.04	0.35	+0.1 0	0.3
	※ 4	3.7		0.4	±0.03	0.9	2.2	0.8	9	4	3.8		0.5		0.3
	※ 5	4.7		0.6	±0.04	1.1	2.4	0.8	10.5	5	4.8		0.7		0.3
	※ 6	5.6	+0.06 −0.2	0.7		1.3	2.8	1	12	6	5.7		0.8		0.5
	※ 7	6.5		0.8		1.4	3	1	14	7	6.7	0 −0.06	0.9		0.5
	※ 8	7.4		0.8		1.6	3	1	15	8	7.6		0.9		0.6
	36	33.2		1.75	±0.07	4	5.4	2.5	47	36	34	0 −0.25	1.9		3
	38	35.2		1.75		4.5	5.6	2.5	50	38	36		1.9		3
	40	37	±0.4	1.75		4.5	5.8	2.5	53	40	38		1.9		3.8
	42	38.5		1.75		4.5	6.2	2.5	55	42	39.5		1.9		3.8
	45	41.5		1.75		4.8	6.3	2.5	58	45	42.5		1.9		3.8
	※ 47	43.4		1.75		5	6.6	2.5	61	47	44.5		1.9		3.8
	48	44.5		1.75		4.8	6.5	2.5	62	48	45.5		1.9		3.8
	50	45.8		2		5	6.7	2.5	64	50	47		2.2		4.5
	52	47.8		2		5	6.8	2.5	66	52	49		2.2		4.5
	55	50.8	±0.45	2		5	7	2.5	70	55	52	0 −0.3	2.2		4.5
	56	51.8		2		5	7	2.5	71	56	53		2.2		4.5

4-5 本体①の作図の進め方

4-5-1 概要説明

溶接構造のフレームの構成部材は、市販の規格品の鋼板を、プラズマ溶断等で切り出して製作する。切断する形状は、後工程の作りやすさから、方形が主流で、円形や、その他異形のものもあり、(1-1)のような円柱の場合は、円柱の部材から切り出される。課題図の構成部材の図を、**図 4-3**〜**図 4-13** に示した。

4-5-2 主投影図

主投影図は課題図が A-A 断面で描かれており、解答図も A-A 断面と指示されている。部材(1-1)(1-2)(1-3〜12)(1-13)で構成されており、それを**図 4-14** の部材位置 I に合わせて、組み立てていく。本体①は A-A の切断面で左右

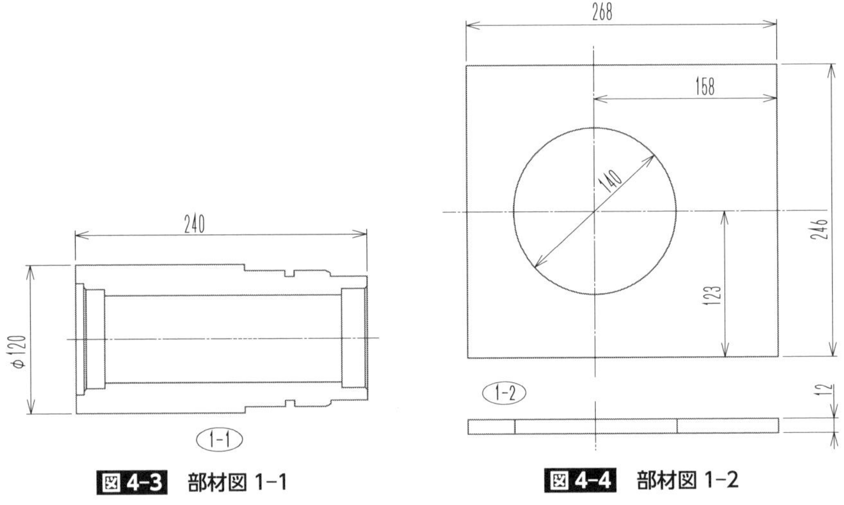

図 4-3 部材図 1-1

図 4-4 部材図 1-2

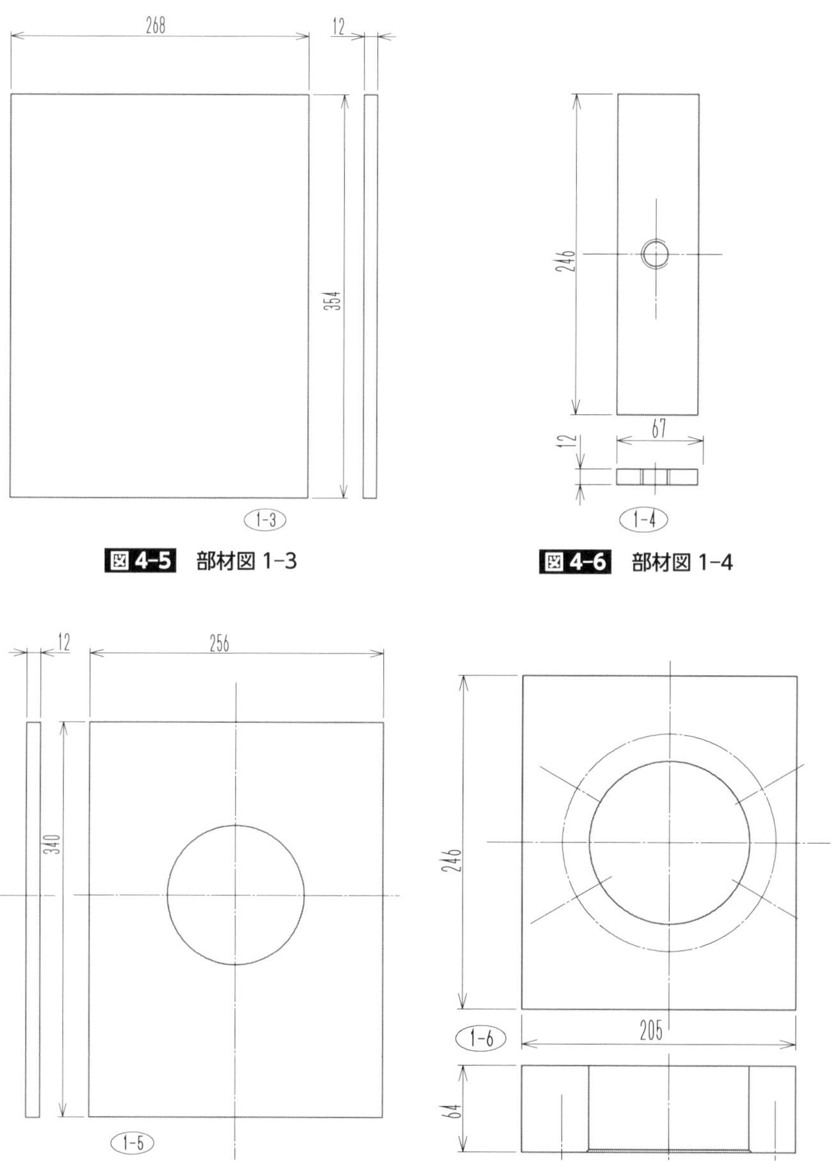

図4-5　部材図 1-3

図4-6　部材図 1-4

図4-7　部材図 1-5

図4-8　部材図 1-6

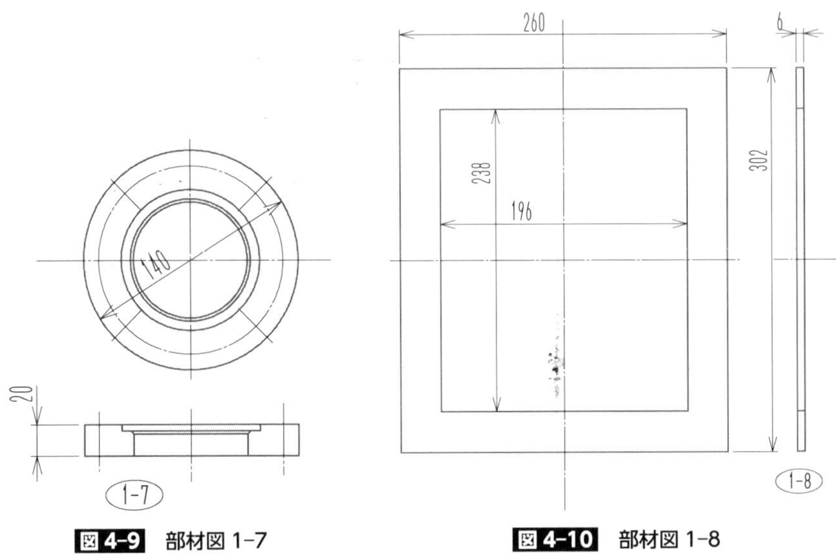

図 4-9 部材図 1-7

図 4-10 部材図 1-8

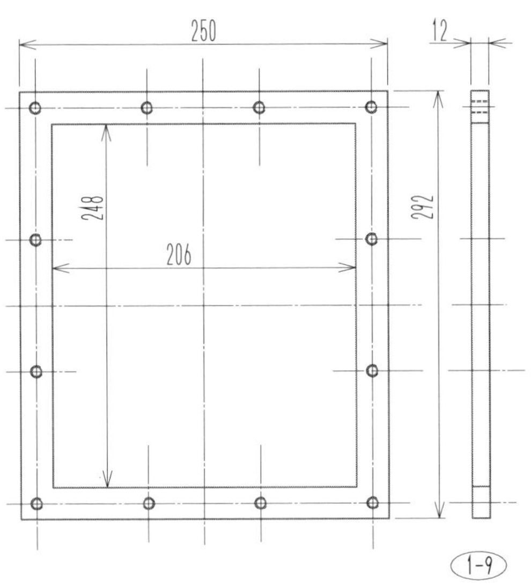

図 4-11 部材図 1-9

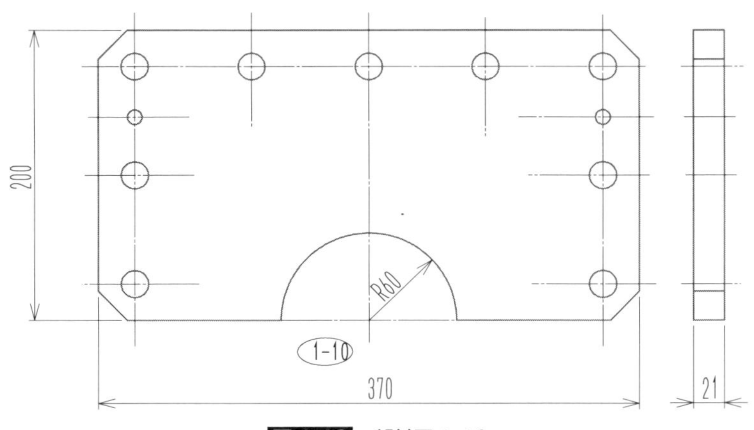

図 4-12　部材図 1-10

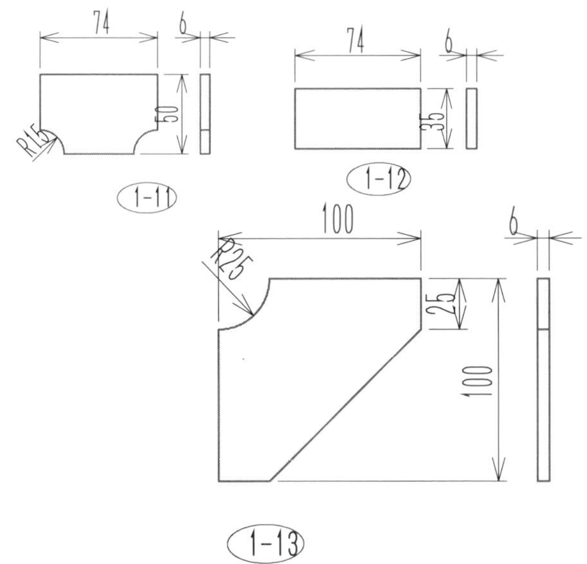

図 4-13　部材図 1-11

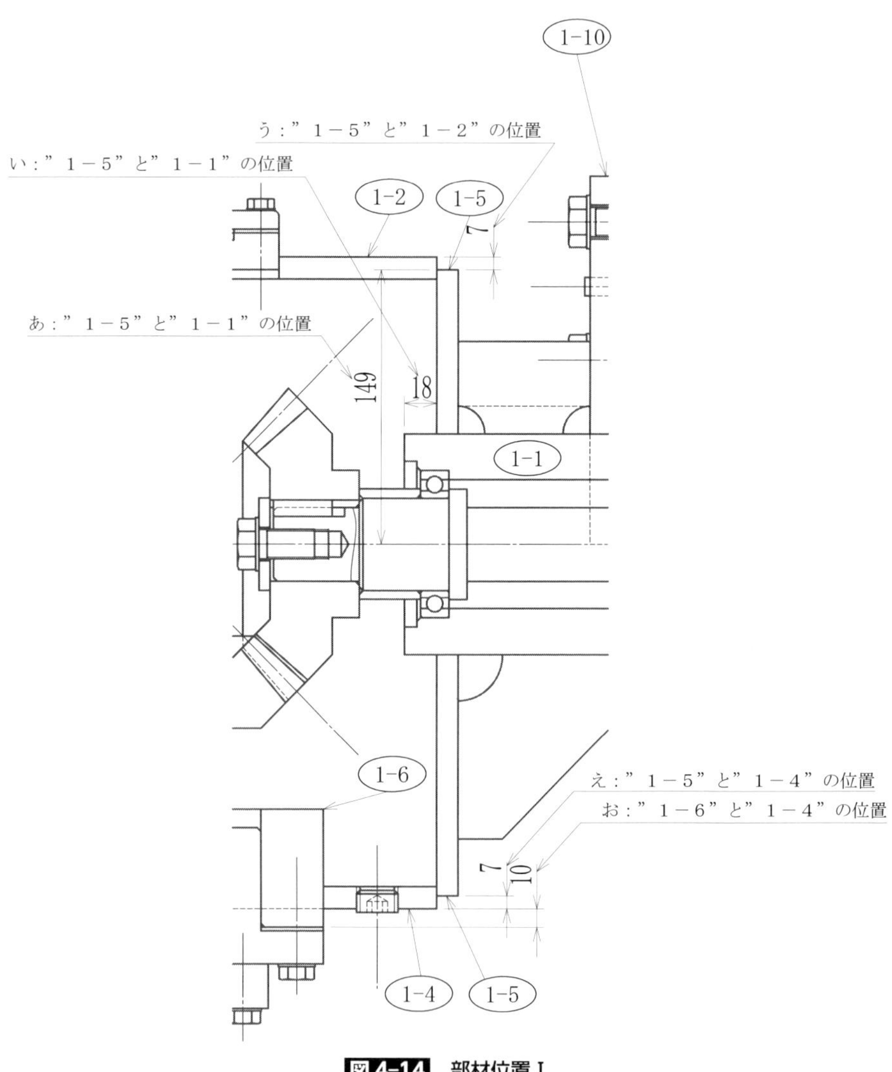
1-10
う：”１－５”と”１－２”の位置
い：”１－５”と”１－１”の位置
1-2
1-5
7
あ：”１－５”と”１－１”の位置
149
18
1-1
1-6
え：”１－５”と”１－４”の位置
お：”１－６”と”１－４”の位置
7
10
1-4
1-5

図 4-14 部材位置Ⅰ

対称であり、部材(1-5)を（図 4-14：あ）に示した位置の左右方向の中心に、120mm の円形の穴をあけて、部材(1-1)を（図 4-14：い）に示した位置まで飛び出して固定する。部材(1-2)と(1-5)を（図 4-14：う）に示した位置関係に突き当てて、左右方向を中心合わせで固定する。部材(1-4)と(1-5)を（図 4-14：え）に示した位置関係に突き当てて、左右方向を中心合わせで固定する。部材(1-4)と(1-6)を（図 4-14：お）に示した位置関係に突き当てて、左右方向を中心合わせで固定する。ここまでの過程で**図 4-15** の部材組立状態Ｉができあがる。**図 4-16** の部材位置Ⅱの右側は、主投影図の部材(1-1)の周辺の部分を、左側は主投影図の部材(1-2)(1-6)(1-7)(1-8)(1-9)の周辺を示している。部材(1-10)の半円の切欠きを、部材(1-1)合わせで部材(1-11)を（図 4-

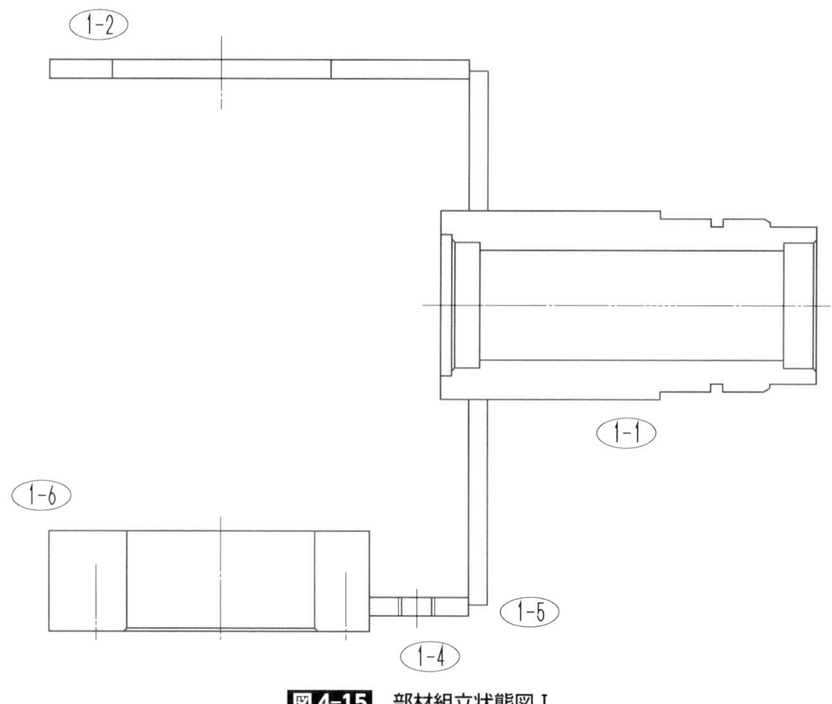

図 4-15　部材組立状態図Ｉ

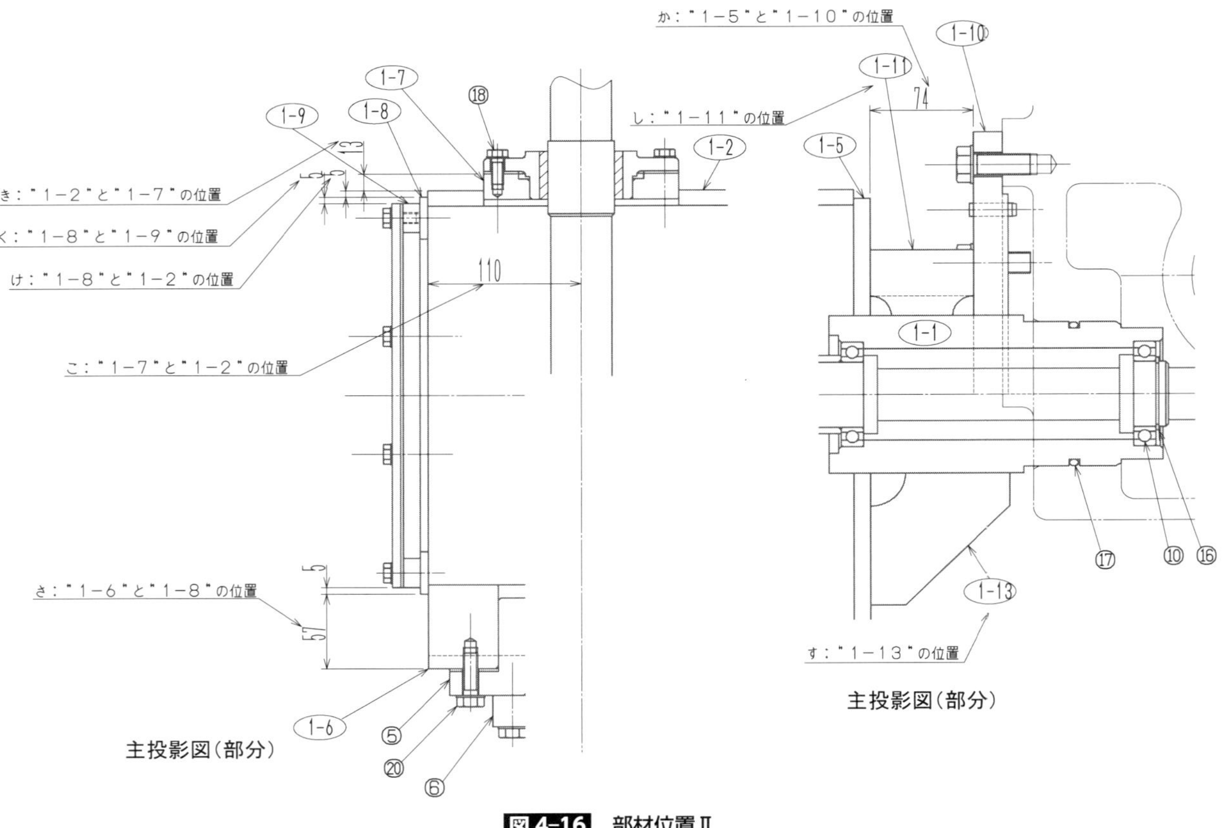
き："1−2"と"1−7"の位置
く："1−8"と"1−9"の位置
け："1−8"と"1−2"の位置
こ："1−7"と"1−2"の位置
さ："1−6"と"1−8"の位置
1-9
1-8
1-7
18
1-2
13
5
5
110
5
57
1-6
5
20
6
主投影図（部分）
か："1−5"と"1−10"の位置
し："1−11"の位置
1-10
1-11
74
1-5
1-1
17
10
16
1-13
す："1−13"の位置
主投影図（部分）

図 4-16　部材位置Ⅱ

16：し）の位置合わせで（図 4–16：か）位置に合わせると組立図の位置となる。部材(1–7)を部材(1–2)の直径 140mm の穴に入れて（図 4–16：き）の位置に合わせて固定する。部材(1–2)と(1–8)を（図 4–16：け）に示した位置関係に突き当てて、左右方向を中心合わせて固定する。ここで、部材(1–8)が（図 4–16：こ）の位置にあることを確認する。部材(1–9)と(1–8)を（図 4–16：き）に示した位置関係に突き当てて、左右方向を中心合わせて固定する。ここで、部材(1–6)が（図 4–16：さ）の位置にある事を確認する。部材(1–13)を（図 4–16：す）の位置に固定する。ここまで進めると**図 4–17** の主投影図部材組立図ができあがる。**図 4–18** は部材(1–3)の関連を示すために、平面視の部分を示したもので、部材(1–3)と(1–5)は（図 4–18：イ、ロ）に示したように外形線

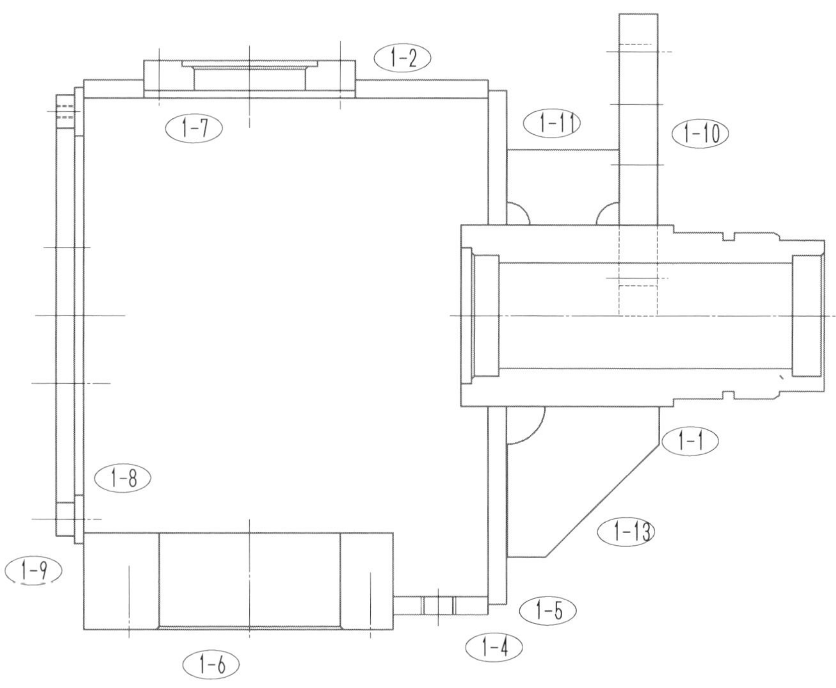

図 4–17　主投影図部材組立図

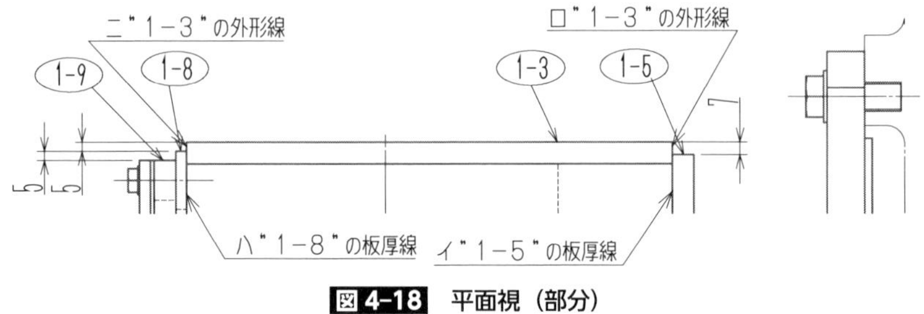

図 4-18 平面視（部分）

が板厚線と重なる。部材(1-3)と(1-8)は、(図 4-18：ハ、ニ）に示したように外形線が板厚線と重なる。このように(1-3)の外形線すべてが(1-2)をはじめとする周辺の部材の板厚線と重なったり、裏側になったりすることから、図 4-17 に(1-3)の図形線は表れない。

4-5-3　右側面図

この課題図には右側面図が描いていないことから、**図 4-19** に示した主投影図（部分）の部材の構成から右側面図を描いていく。部材(1-1)を（図 4-19：A）に示したように描く。部材(1-1)の周りの部材(1-5)(1-10)を描いて、リブ形状となる部材(1-13)を描くと、図 4-19 の右側面図ができあがる。図 4-19 に示した主投影図（部分）からわかるように、部材(1-5)は部材(1-10)の左側にあることから、一部は（図 4-19：E）に示したようにかくれ線となる。右側面図では図 4-19 に示したようになる。本体①は工作機械（図 4-20：A）に組付けられることから、**図 4-20** の稜線の解読の主投影図（部分）にあるように、工作機械の取付面（図 4-20：B）と当たる面を切削する。切削面と切削しない面（図 4-20：C）との境界に稜線（図 4-20：D）ができる。課題図の左側面図（部分）に稜線（図 4-20：G）がかくれ線で示されており、右側面図では実線で表す必要があり、必ず描く。

図 4-21 では部材間の境界の解読を解説している。部材(1-2)と(1-3)の境界線を（図 4-21：C）に示した。境界部では(1-2)の外形線と(1-3)の板厚線

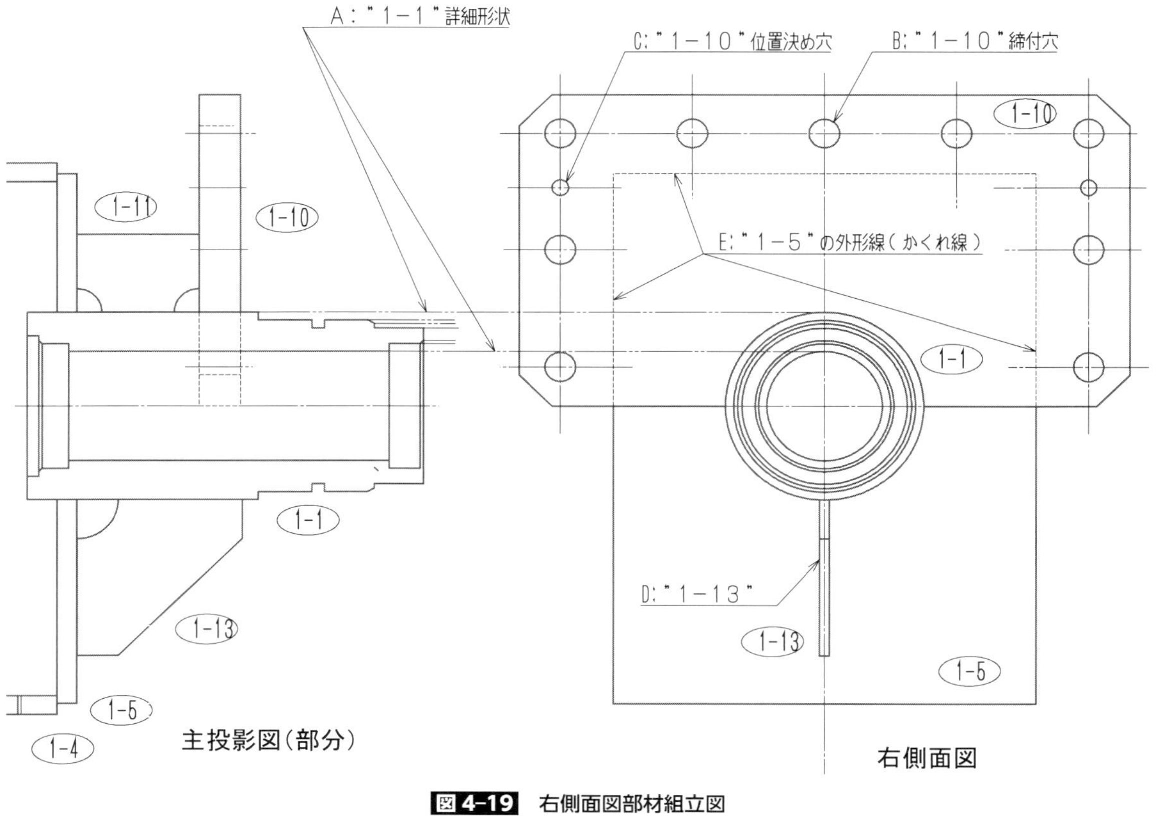

図 4-19　右側面図部材組立図

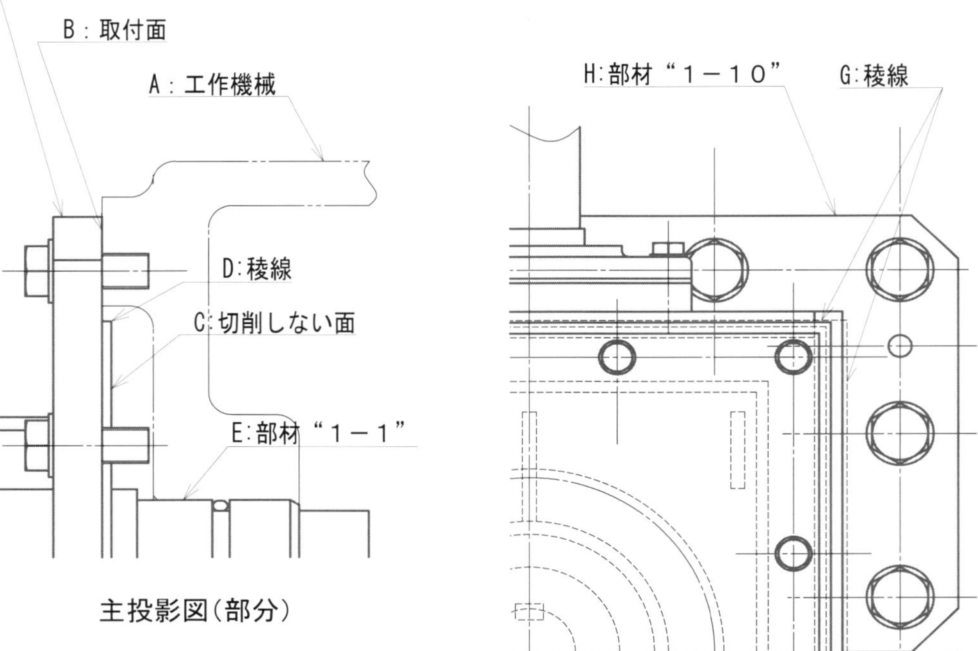
F：部材“1－10”
B：取付面
A：工作機械
D：稜線
C：切削しない面
E：部材“1－1”
主投影図（部分）
H：部材“1－10”
G：稜線
左側面（部分）

図 4-20　切削面の解読

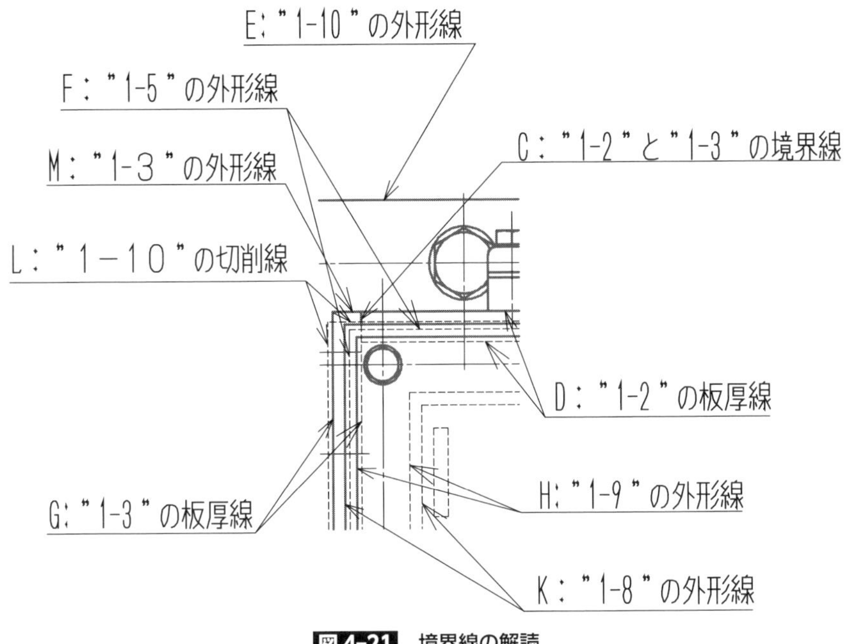

図 4-21　境界線の解読

が重なっている。以上の進め方によると**図 4-22** に示した右側面図部材組立図となる。部材(1-2)が（図 4-22：お）で板厚線が、（図 4-22：け、く）で外形線が描かれている。部材(1-3)が（図 4-22：う、か、す、に）で外形線が、（図 4-22：え、し、き、ぬ）で板厚線が描かれている。部材(1-4)が（図 4-22：と、は）で外形線が、（図 4-22：て）で板厚線が描かれている。部材(1-5)が（図 4-22：た、ち、つ、ひ、ふ、へ）で外形線が描かれている。この方向からの図に部材(1-5)の板厚の図形線は描かない。部材(1-6)は（図 4-22：せ、な）で外形線が、（図 4-22：そ）で板厚線が描かれている。課題図の左側面図に部材(1-11)と(1-12)の配置に関する図が描かれており、それを（図 4-22：こ、さ、ね）に示したように、右側面図に示す。

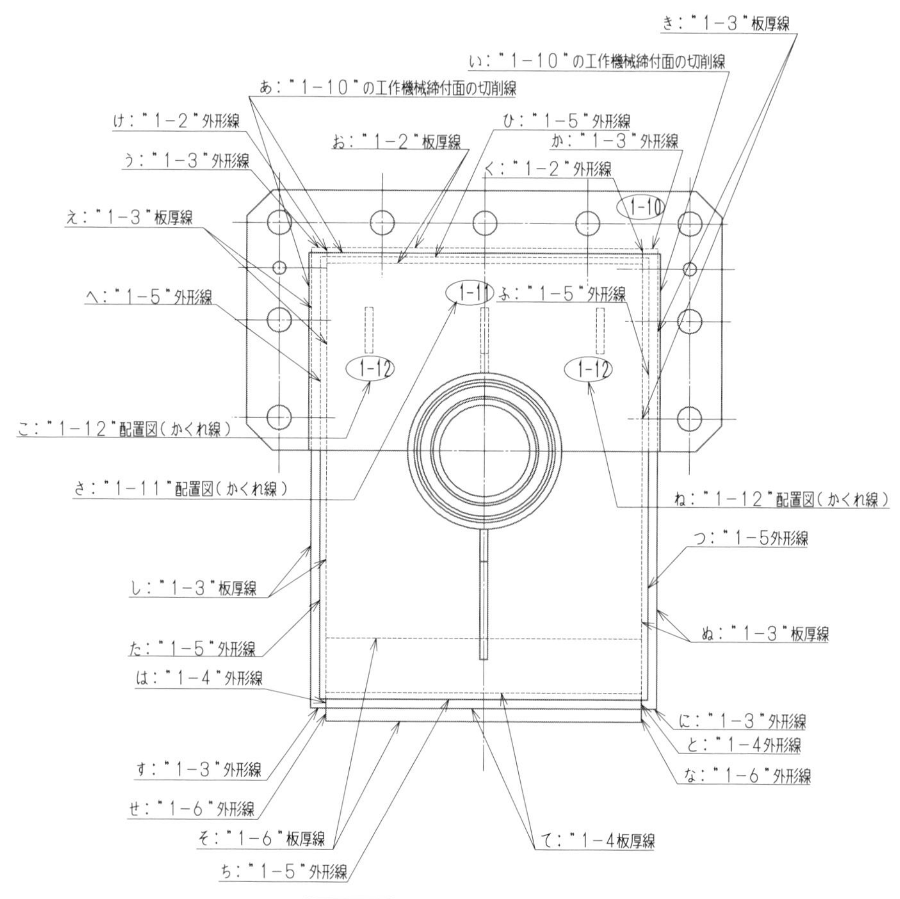

図 4-22 右側面図部材組立図

4-5-4 下面図

課題図は平面図で表されており、解答図は下面図を要求している。この場合でも主投影図に表れた部材を、下面方向から描いていくことにより下面図ができあがる。**図 4-23** に主投影図から、下面図の部材構成を考慮した図を示した。下面図の左右に引いた中心線は、課題図（図 4-1）の A-A 断面線で、上下対称

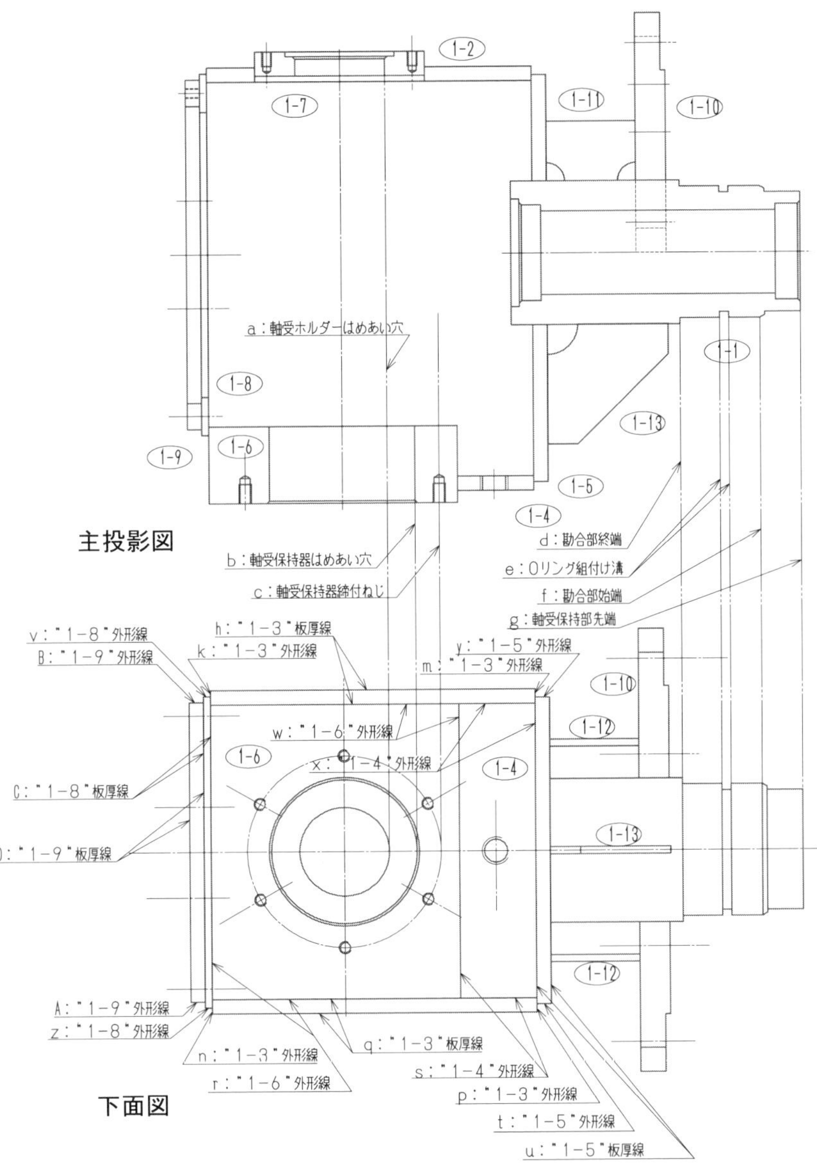

図 4-23　下面図部材組立図

形状である。図4-23に示した主投影図から、補助線で位置関係と大きさを描いていく。（図4-23：a）に、部材(1-7)に切削加工した、軸受ホルダ③のはめあい穴の円形の図形を描く。（図4-23：b）に、部材(1-6)に切削加工した、軸受保持器⑤のはめあい穴の円形の図形を描く。このはめあい穴は図示の下面から組込むことから、入口に面取り加工を指示する。（図4-23：c）に、部材(1-6)に加工した、軸受保持器②の締付ボルト用のめねじを描く。課題図（図4-1）の平面図に示したように、めねじの数は6ヶ所である。課題図（図4-1）の平面図から形状を読み取り、下面図に描いていく。（図4-23：d）に、工作機械との勘合部の終端位置がある。（図4-23：e）に、Oリングの組付け溝を読み取って描く。（図4-23：f）に、勘合部の先端を読み取って描く。（図4-23：g）に、軸受保持器の部材(1-1)の先端を読み取って描く。下面図に表す部材は、(1-4)(1-6)を取り囲む(1-3)(1-5)(1-8)(1-9)で、図に示すように密着させた位置に描く。（図4-23：k、m、n、p）に、部材(1-3)の外形線を、（図4-23：h、q）に、部材(1-3)の板厚線を示している。（図4-23：s、x）に、部材(1-4)の外形線を示している。下面図の方向からは、部材(1-4)の板厚線は描けない。（図4-23：t、y）に、部材(1-5)の外形線を、（図4-23：u）に、部材(1-5)の板厚線を示している。（図4-23：y、z）に、部材(1-8)の外形線を、（図4-23：C）に、部材(1-8)の板厚線を示している。（図4-23：A、B）に、部材(1-9)の外形線を、（図4-23：D）に、部材(1-9)の板厚線を示している。下面図の部材の位置関係は、断面線A-Aで上下対称となる。

4-5-5　部分投影図

部分投影図は課題図（図4-1）の左側面図から、⑪閉止カバーを取外したときに外形線が見える部材の、外形線と板厚線（かくれ線を含む）を全て描くことを要求している。対象となる部材は、(1-2)(1-3)(1-6)(1-8)(1-9)である。**図4-24**は左側面図の線を解読したものである。部材(1-2)の外径線は（図4-24：C）に、板厚線は（図4-24：D）に表されている。部材(1-3)の外径線は（図4-24：B、P）に、板厚線は（図4-24：C、E、R）に表されている。部材

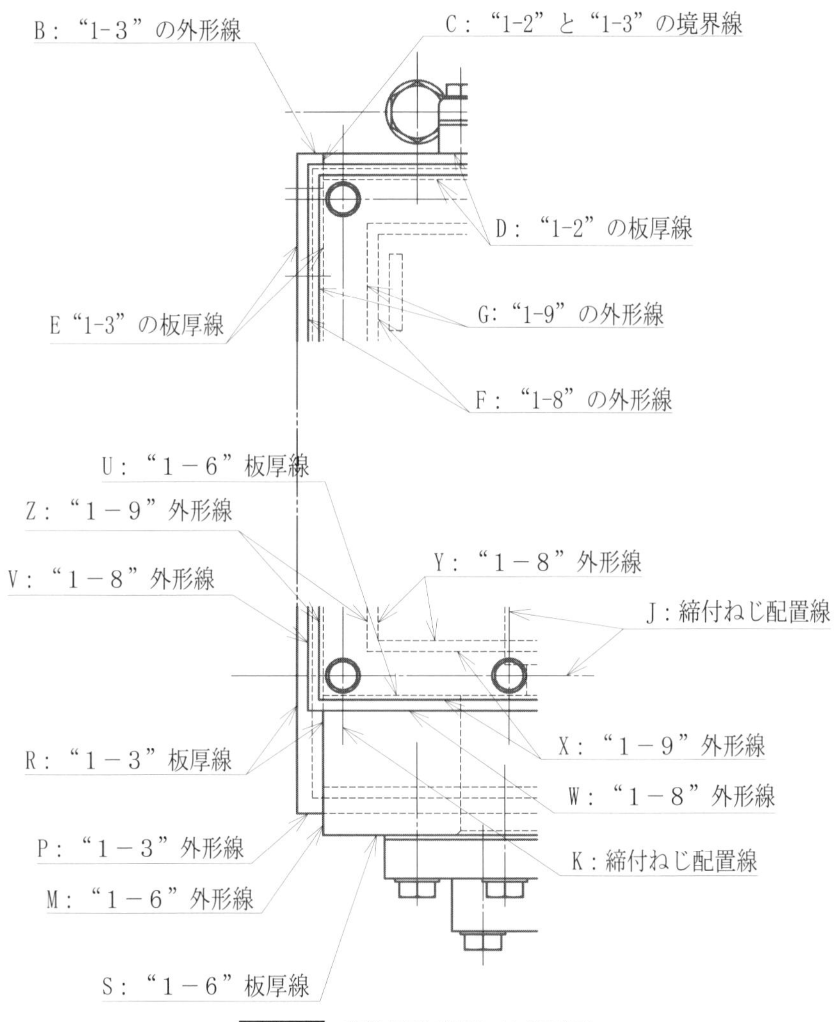

図 4-24　部分投影図解読（左側面図）

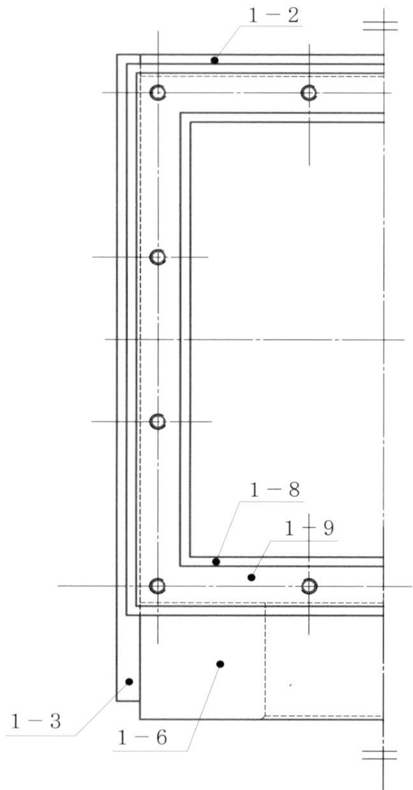

図 4-25 部分投影図

(1-6)の外径線は（図 4-24：M）に、板厚線は（図 4-24：S、U）に表されている。部材(1-8)の外径線は（図 4-24：F、V、W、Y）に表されている。部材(1-9)の外径線は（図 4-24：G、X、Z）に表されている。**図 4-25** に部分投影図を示した。

4-5-6　局部投影図

局部投影図は**図 4-26** にあるように解読する。課題図の平面図より読み取っ

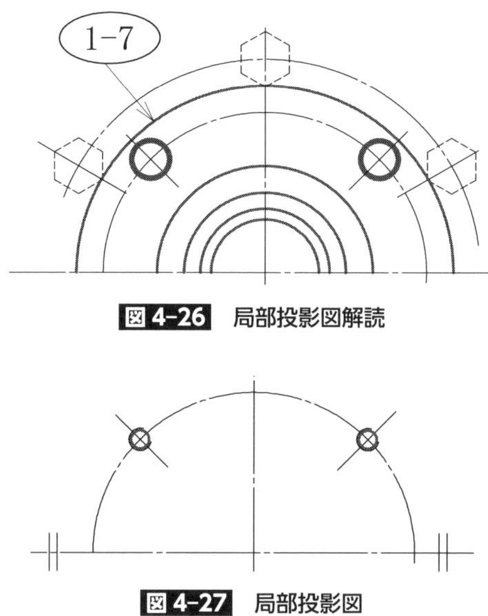

図 4-26　局部投影図解読

図 4-27　局部投影図

て、ボルト⑱の配置とめねじの図形を、**図 4-27** に示した。

4-6　作動軸⑧の作図の進め方

4-6-1　主投影図

図 4-28 は、作動軸⑧と周辺の部品を描いている。（図 4-28：A）は歯車⑦を示しており、作動軸⑧とははめあいとなっている。（図 4-28：B）は歯車⑦と作動軸⑧の動力伝達用のキーで、キー溝の長さは課題図（図 4-1）から、そのほかの寸法と寸法公差は、表 4-1 のキーの寸法から読み取って図示する。はめあいをする軸の端部は、必ず面取り指示をする。（図 4-28：C）は歯車⑦と軸受⑩の位置関係を決めるカラーで、作動軸⑧の作図には関係しない。（図 4-28：D、H）は軸受⑩のはめあい部で、止め輪⑯の入る溝底の径が 47mm と指示されて

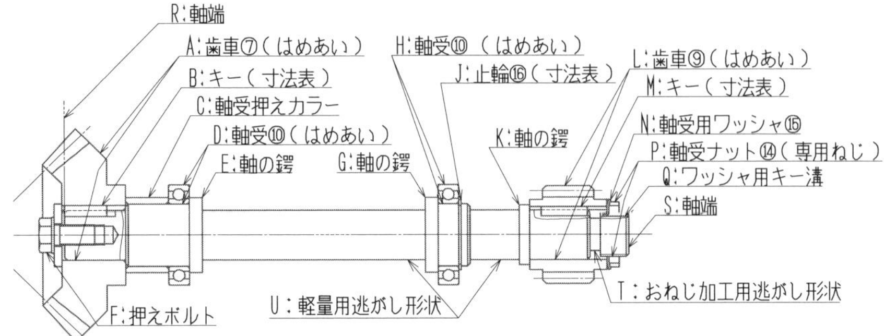

図 4-28　作動軸と周辺部品

おり、表 4-3 軸用止め輪の寸法表から、軸受⑩とのはめあい部の寸法 50mm を読み取ってはめあい部の作図をする。(図 4-28：E、G）は軸受⑩に加わる、スラスト力を受ける鍔形状で、(図 4-28：U）の逃がし形状と共に、課題図の寸法を写し取る。(図 4-28：J）は止め輪⑯の組付け溝で、(4-3、指示事項（4)、f）の指示に従って作図する。(図 4-28：K）は、はすば歯車⑨に加わるスラスト力を受ける鍔形状で、課題図を写し取る。(図 4-28：L）は、はすば歯車⑨で、下側の引き出し線に示した軸径で作図する。(図 4-28：M）は作動軸⑧とはすば歯車⑨の、動力伝達用のキーで、キー溝の長さはこの図から、そのほかの寸法と寸法公差は、表 4-1 のキーの寸法から読み取って図示する。(図 4-28：N）は軸受用ワッシャ⑮で、歯車⑨を鍔と挟んで固定する。(図 4-28：P）軸受ナット⑭が緩まないように、表 4-2 の軸受用ワッシャの寸法表により作動軸に加工した（図 4-28：Q）ワッシャ用キー溝で、固定する機能を持っている。(図 4-28：R、S）は軸端、(図 4-28：T）は軸受用ワッシャ⑭用のおねじを作るための逃がし形状である。

4-6-2　部分投影図 1

作動軸⑧のかさ歯車⑦とのはめあい部と、キー溝部及びかさ歯車締付用のめねじを描く。

4-6-3　部分投影図２

はすば歯車締付用の、軸受用ナット用おねじ及び、ワッシャ固定用のキー溝形状を描く。

4-6-4　A-A 断面図

はすば歯車固定用のはめあい部の形状と、キー溝の形状を描く。

4-6-5　局部投影図１

かさ歯車⑦固定用のキー溝を描く。

4-6-6　局部投影図２

はすば歯車⑨固定用のきー溝を描く。

4-6-7　局部投影図３

軸受ワッシャ固定用のキー溝を描く。

4-6-8　解答図

図 4-29 に作動軸⑧の図形を示した。

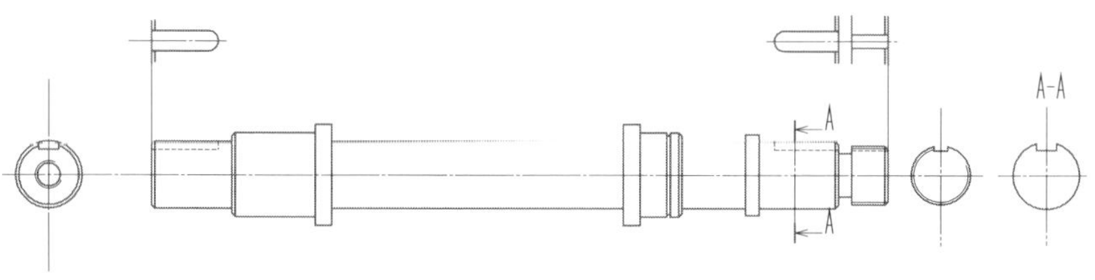

図 4-29　作動軸

4-7 寸法記入の進め方（本体①）

4-7-1 重要寸法（はめあいなど）と寸法公差

図 4-30 に重要寸法と関連する寸法を示した。（図 4-30：A）は工作機械と勘合する軸部の勘合寸法であり、「5-3、指示事項（3)-k 項」の指示に従って、寸法許容値算出して指示する。（図 4-30：B）は工作機械と組付く面と、入力軸②

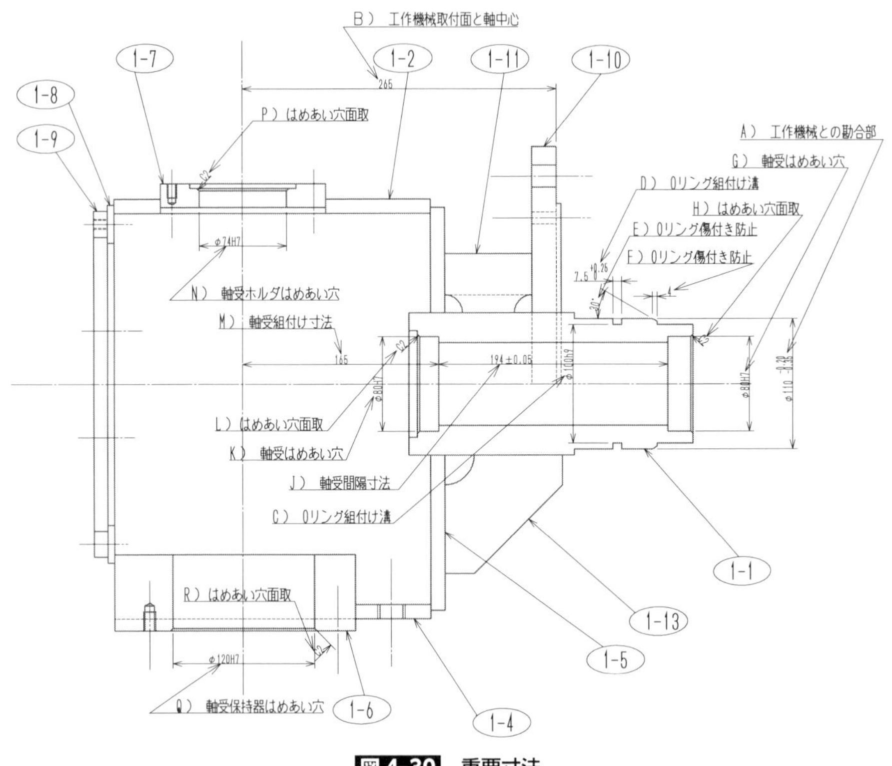

図 4-30 重要寸法

の距離である。(図 4-30：C～F）は勘合部にあるはすば歯車⑨の潤滑油が、外部に漏れださないように配慮された、O リング⑰の関連部に関する寸法で、「4-3、指示事項（3)-f 項」の指示に従って、同時進行で記入することで、記入漏れを防止できる。(図 4-30：C）は O リングのつぶし代を指示している。(図 4-30：D）は O リングの組付け溝の幅で、O リングの規格表に指示されている（JIS 規格を参照してください)。(図 4-30：E）は面取り角度で、O リングを組付ける時の、傷付き防止の配慮である。(図 4-30：F）は、傷付き防止の面取り深さである。

ここまでに解説した寸法には、表面性状を必要とするものが多くある。同時進行で記入することにより、記入漏れを防止する効果が期待できるが、寸法配置を優先して、スマートな配置を目指す方法もある。解説では寸法配置を優先する。(図 4-30：G、K）は深溝玉軸受⑩のはめあい穴で、はめあい穴の入り口には、(図 4-30：H、L）の面取りを必ず指示する。(図 4-30：J）の軸受組付け部の寸法は課題図に示されており、正確に転記する。(図 4-30：M）は深溝玉軸受で支える、作動軸⑧に組付く、はすば歯車のかみ合わせを決める重要な寸法であり、この段階で寸法公差を記入しておく。(図 4-30：N）は入力軸②を支える軸受の軸受ホルダ③のはめあい穴の寸法であり、寸法公差を同時進行で記入する。(図 4-30：P）は入り口の面取り指示である。(図 4-30：Q）は入力軸②を支える深溝玉軸受の、軸受保持器⑤のはめあい穴であり、寸法公差を同時進行で記入する。(図 4-30：R）は入り口の面取り指示である。

4-7-2　ねじと穴&ねじと穴の加工面

図 4-31 はねじと、ねじ用の穴の指示と配置、ねじと穴の加工面を指示している。(図 4-31：あ）は本体①と工作機械とを締め付ける、ねじ用の通し穴、(図 4-31：い、う）は穴の配置寸法を示している。(左右方向の配置寸法“80”、上下方向の配置寸法“75”は、引き出し線を 1ヶ所に省略した。)（図 4-31：え、お）は締付穴の加工面の大きさを指示している。(図 4-31：か）は位置決めピン用の穴の位置寸法で、合わせ加工を指示する。(図 4-31：き）は位置決めピ

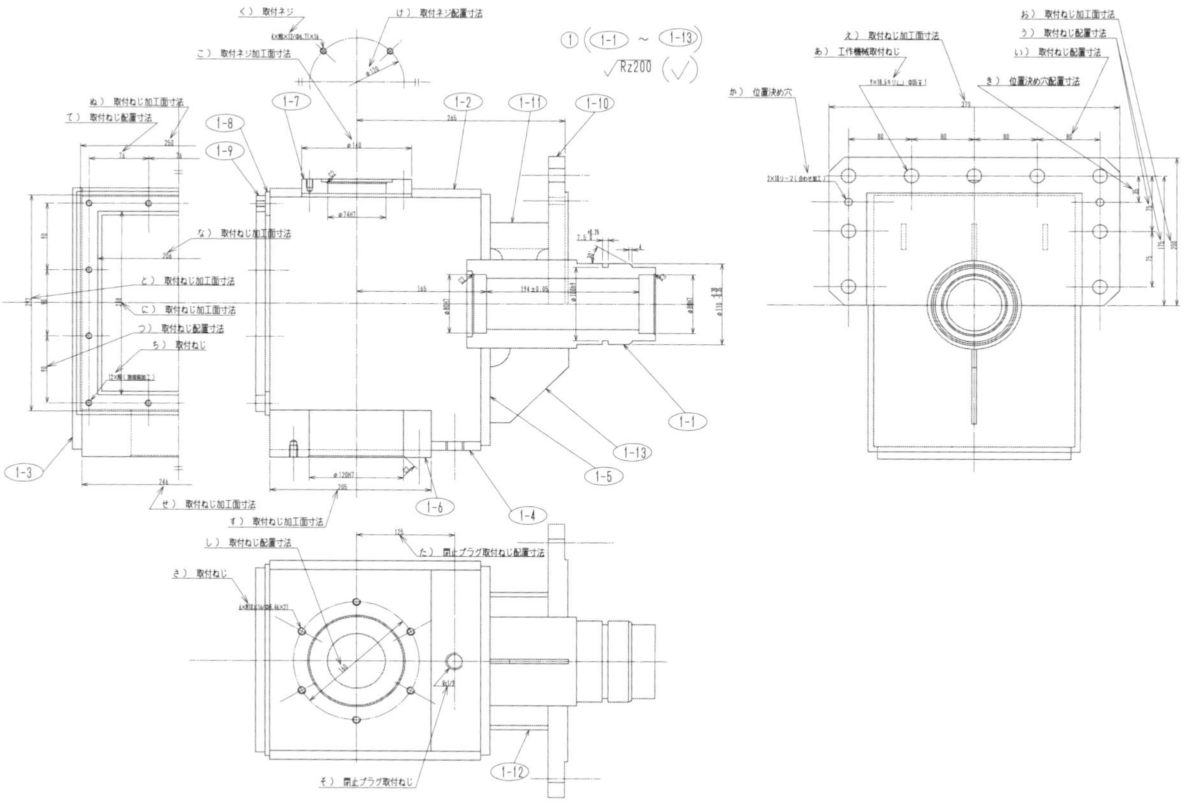

図 4-31 ねじ＆穴寸法と加工面寸法

ン用の配置寸法で、左右方向の配置寸法と、加工面の指示の穴指示とを兼用している。（図 4-31：く）は軸受ホルダ③の締付ねじの指示で、（図 4-31：け）は、そのねじの配置寸法で、（図 4-31：こ）は、そのねじの加工面の寸法である。（図 4-31：さ）は、軸受保持器⑤の締付ねじの指示であり、（図 4-31：し）は、そのねじの配置寸法で、（図 4-31：す、せ）はねじの加工面の大きさ寸法指示である。（図 4-31：そ）は閉止プラグ用のねじ指示であり、（図 4-31：た）は、そのねじの配置寸法である。（図 4-31：ち）は閉止カバー⑪の締付ねじの指示であり、（図 4-31：つ、て）は、そのねじの配置寸法で、（図 4-31：あ）の穴配置寸法と同じ方法で指示した。（図 4-31：と、な、に、ぬ）は加工面の寸法指示で、穴形状があることから、4 つで構成されている。

4-7-3　部材寸法、板厚

図 4-32 は(1-1)～(1-13)の部材寸法（サイズ）と板厚を指示している。(1-1)は円筒形であり、（図 4-32：ア）で直径を指示し、（図 4-32：イ）の寸法で全長を指示している。(1-2)は、（図 4-32：オ、カ）でサイズを示し、（図 4-32：キ）で板厚を指示している。(1-3)は、（図 4-32：ク、ケ）でサイズを示し、（図 4-32：コ）で板厚を指示している。(1-4)は、（図 4-32：サ）と、（図 4-32：オ）から、（図 4-32：チ）を引いた大きさがサイズを示し、（図 4-32：シ）で板厚を示している。(1-5)は、（図 4-32：ス、セ）でサイズを示し、（図 4-32：ソ）で板厚を示している。(1-6)は、（図 4-32：タ、チ）でサイズを示し、（図 4-32：ツ）で板厚を示している。(1-7)は円板で、（図 4-32：こ）で直径が指示されており、（図 4-32：テ）で板厚を指示している。(1-8)は、（図 4-32：ト、ナ、ニ、ヌ）でサイズを示し、（図 4-32：ネ）で板厚を示している。(1-9)は、（図 4-32：と、な、に、ぬ）でサイズを示し、（図 4-32：ノ）で板厚を示している。(1-11)は、（図 4-32：ヒ、フ）でサイズを示し、（図 4-32：ヘ）で板厚を示している。(1-12)は、（図 4-32：ホ、マ）でサイズを示し、（図 4-32：ミ）で板厚を示している。(1-13)は、（図 4-32：ム、メ）でサイズを示し、（図 4-32：モ）で板厚を示している。

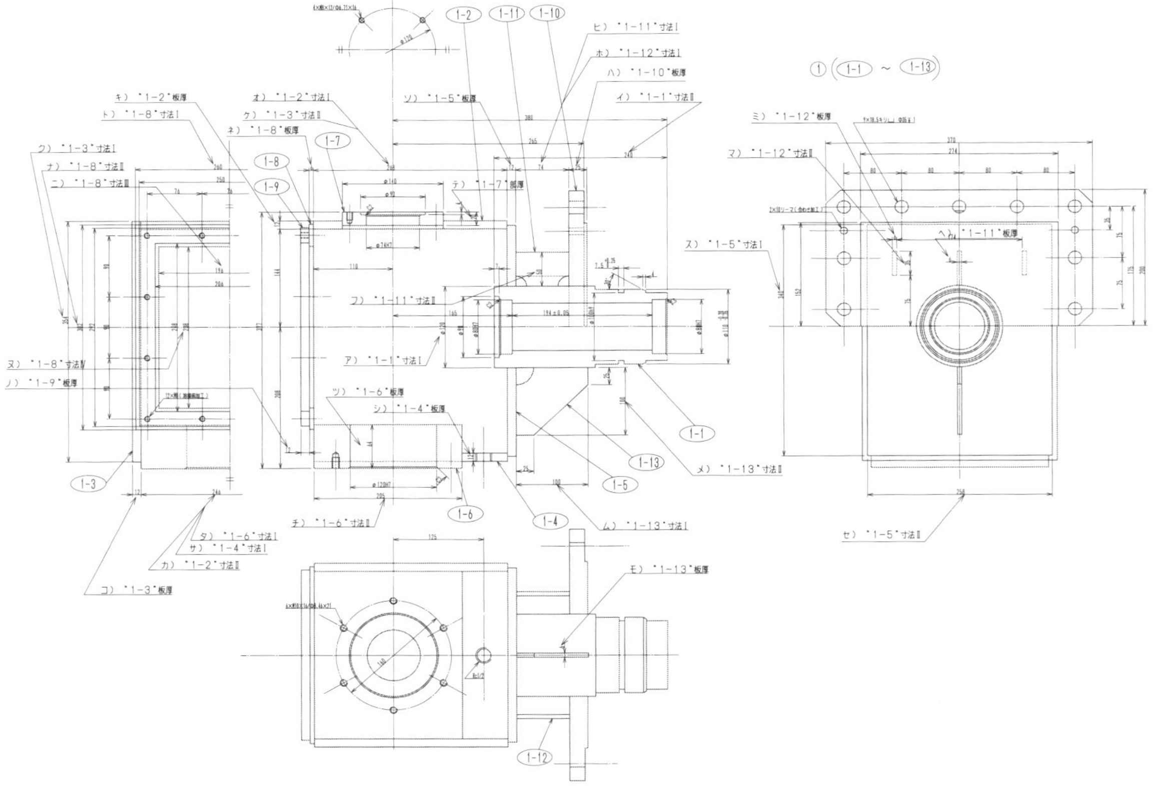

図 4-32 素材寸法&板厚

4-7-4　位置寸法＆その他寸法

図 4-33 は、位置寸法＆その他寸法である。溶接構造の場合は、図材の寸法を記入すると、50％以上の寸法は記入済となる。（図 4-33：A）は、O リング組付け用の 30° の面取り開始位置である。（図 4-33：B）は、O リングの組付け位置である。（図 4-33：C）は、工作機械とのはめあい部の長さである。（図 4-33：D）は、軸受ホルダ③の合せ部で、③の凸部の逃がし形状である。（図 4-33：E）は、入力軸②の中心位置である。（図 4-33：F）は、部材(1-2)の組付け位置である。（図 4-33：G）は、本体①の最大寸法である。（図 4-33：H）は、作動軸⑧の中心線であり、部材(1-1)の位置を表している。（図 4-33：J、K）は、部材(1-12)の位置寸法である。（図 4-33：L、M）は、工作機械との取付用の、切削面の大きさ寸法である。（図 4-33：N）は、部材(1-1)の組付位置である。

4-7-5　半径と面取り

図 4-34 は、はめあい部と関係しない、半径と面取り寸法である。（図 4-34：イ、ロ、ハ）は、溶接に配慮した形状である。溶接構造の組立手順は、部材を図面に指示された位置に仮付けした後に、本溶接をして完成させる。課題図中にある溶接指示は、部材(1-1)と(1-5)の外周を、部材(1-11)及び(1-13)側は、「全周すみ肉溶接」が指示されている。溶接をするために外周部の部材を、盗み加工（部分的に切断）の指示をする。盗み加工が、（図 4-34：ロ、ハ）であり、（図 4-34：イ）はそれに準じた形状である。ものづくりの手順を理解していれば、形状の読み落しがなくなる。（図 4-34：ニ、ホ）は、部材(1-13)の角隅の応力の掛からない部分を切断して重量を軽減する指示である。（図 4-34：へ）は、部材(1-10)の 4 隅を切断して、工作機械に組立時の作業者のけがなどを防止する形状である。寸法指示の方法は、1ヵ所に指示すれば、4 カ所同じと理解される。4 カ所すべてに記入する方法もある。2 カ所や 3 カ所に指示する方法は、指示の欠落と判定される恐れがあることから避ける方がよい。

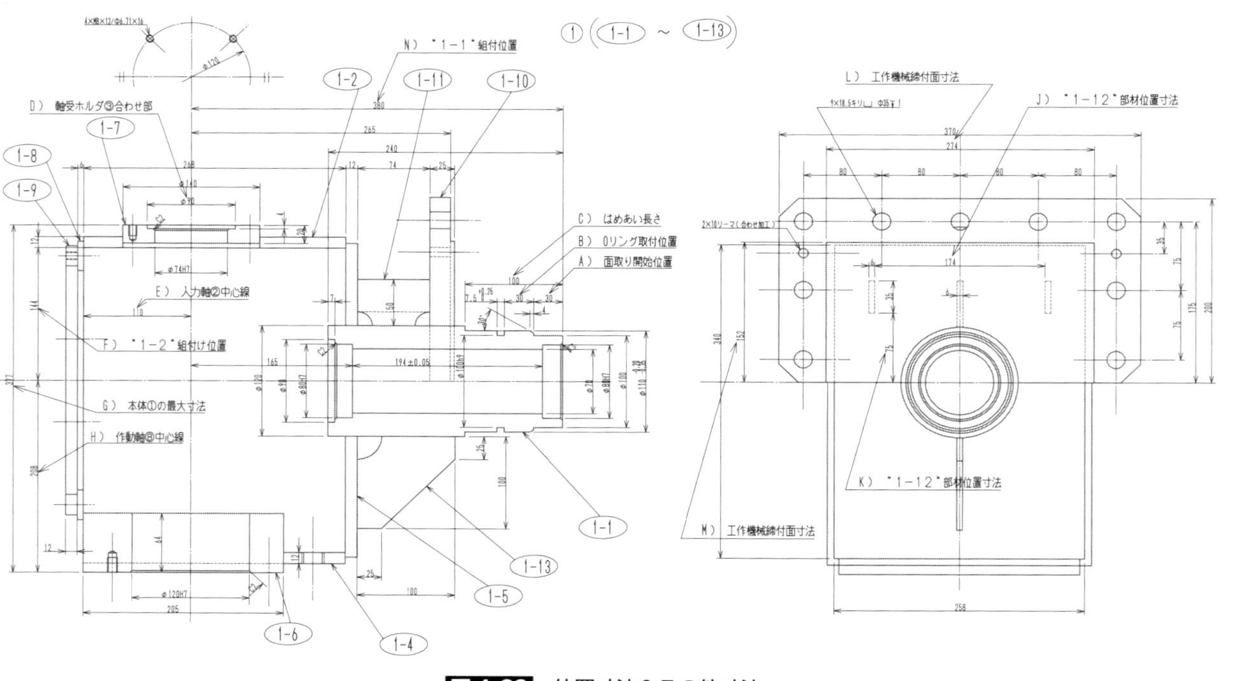

図 4-33 位置寸法＆その他寸法

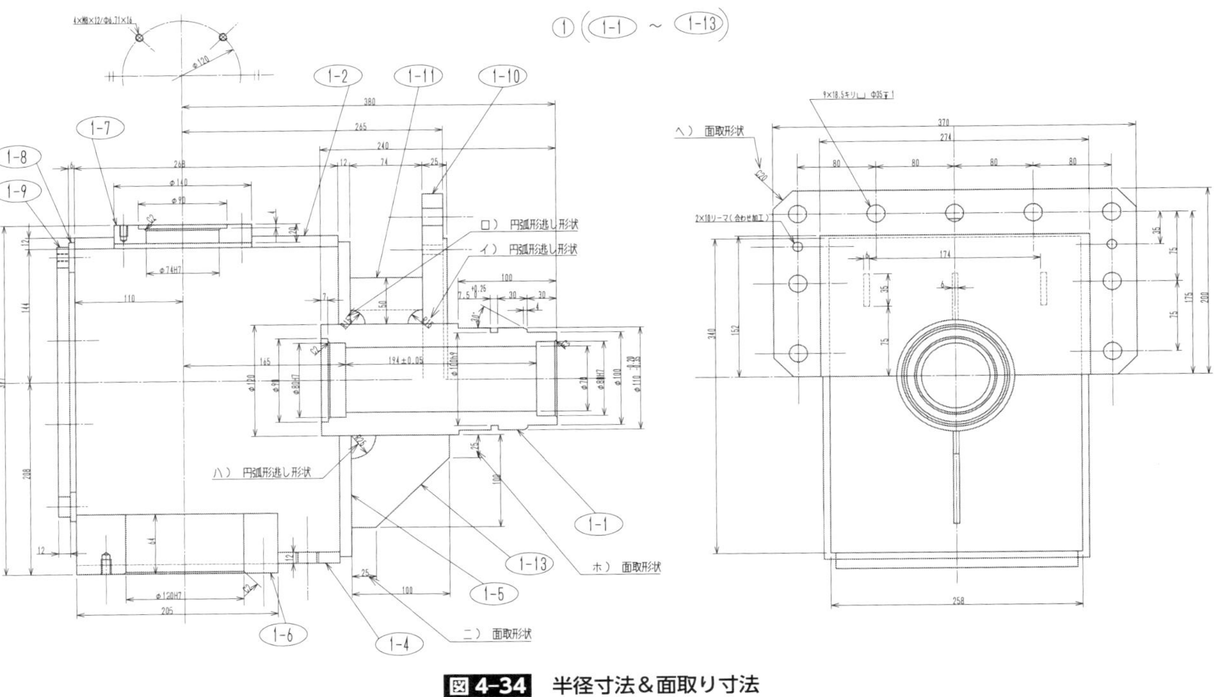

図4-34 半径寸法&面取り寸法

4-7-6　表面性状の指示記号

図 4-35 は表面性状の指示記号を解説している。（図 4-35：あ）はOリングを組付ける時に、Oリングの表面に傷がつくのを防止するための、粗さの指示である。（図 4-35：い、う、き、く、こ）は、切削加工をする、機能上は非接触面の指示である。（図 4-35：え）は、工作機械と組付く面である。（図 4-35：お）は、深溝玉軸受のはめあい面である。（図 4-35：き、た）は、深溝玉軸受と接する面で、合わせ面の指示をする。（図 4-35：け、さ）は、Oリングが接触する面で、設問文に粗さが指示されており、必ずその数値を指示する。（図 4-35：し）は、工作機械に締め付ける面で、合わせ面の粗さを指示する。（図 4-35：せ、ち、つ、と）は、切削加工をする、機能上は非接触面の指示である。（図 4-35：そ、な）は、深溝玉軸受のはめあい面である。（図 4-35：て）は、軸受ホルダ③の組付け面で、合わせ面の粗さを指示する。（図 4-35：に）は、閉止カバー⑪の組付け面で、パッキン⑬を介しており、傷付き防止を考慮した表面性状を指示する。（図 4-35：ぬ）は、軸受保持器⑤とのはめあい面である。（図 4-35：ね）は、軸受保持器⑤との間に、パッキン（品番なし）を介しており、傷付き防止を考慮した表面性状を指示する。（図 4-35：の、は、ひ）は、工作機械との締め付け面を加工した時にできる面で、役割がないことから、非接触面の指示をする。（図 4-35：ふ）は、溶接部材の表面を指示したもので、除去加工を問わない記号を用いて、課題文に指示された粗さの数値を指示する。（図 4-35：へ）は、リーマ加工が指示されている穴に関するもので、リーマ加工には粗さの指示が含まれており、表面性状の指示をしてはいけない。リーマ加工の穴に粗さの指示をすると、重複指示で減点対象となる。

4-7-7　幾何公差

図 4-36 は幾何公差を解説している。軸受保持器⑤の、はめあい穴の中心軸線（寸法線と対向してデータム、記号図 4-36：ハ）を、データム（記号：B）として、深溝玉軸受⑩（左側）はめあい部の中心軸線（寸法線と対向して指示

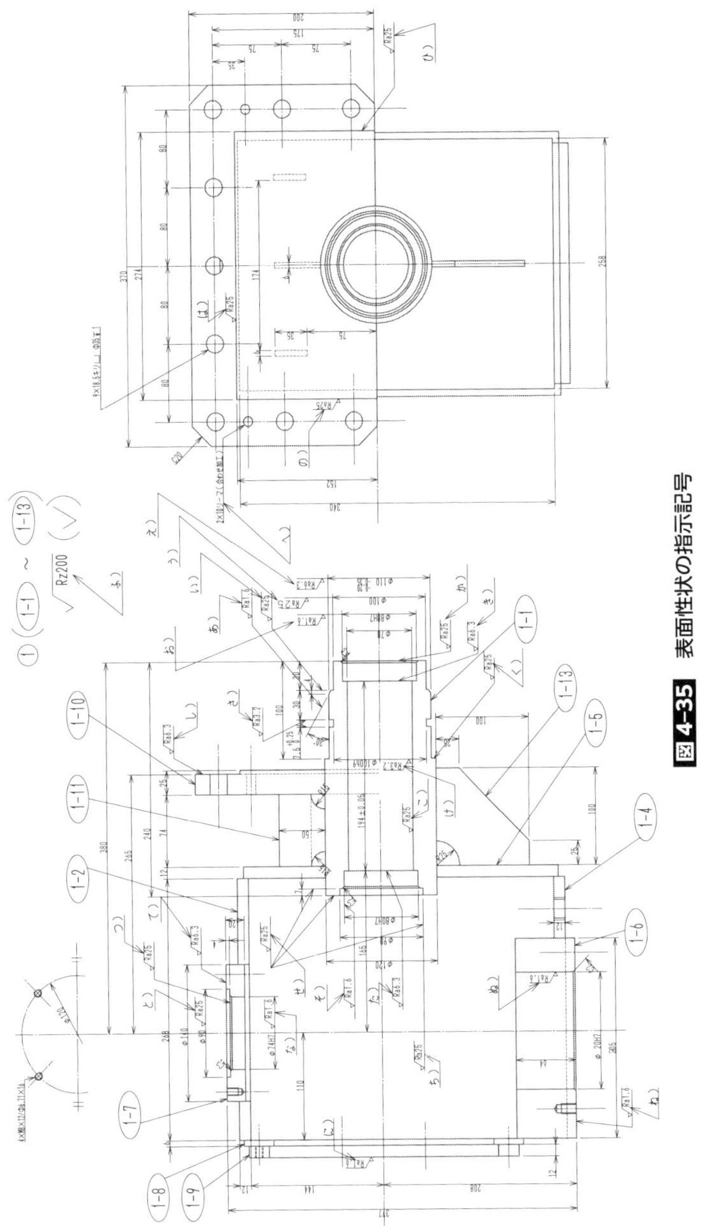

図 4-35 表面性状の指示記号

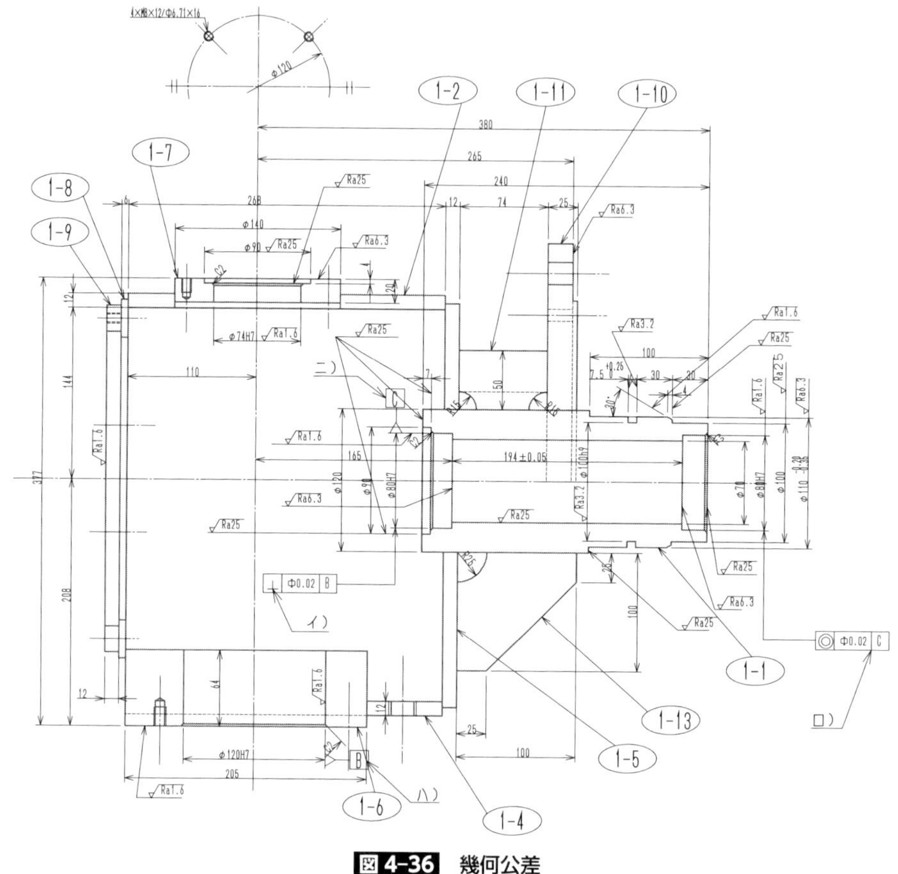

図 4-36 幾何公差

線、図 4-36：イ）に、直角度 0.02mm を指示している。深溝玉軸受⑩（左側）のはめあい穴の中心軸線（寸法線と対向してデータム記号、図 4-36：ニ）をデータム（記号：C）として、深溝玉軸受⑩（右側）の中心軸線（寸法線と対向して指示線、図 4-36：ロ）に、同軸度 0.02mm を指示している。

4-7-8　溶接記号

図 4-37 は溶接記号とすみ肉溶接を解説している。すみ肉溶接とは接合部の開先を取らない溶接方式である。溶接記号は機械製図の引き出し線の形式をとっているが、それぞれの部分に名称と、役割がある。溶接個所を指示する①の部分を“矢”と言う。水平に引いた②の部分を“基線”と言い、溶接に関する指示事項を記入する。基線に付けた記号③は溶接記号と言い、溶接の様式を指示しており、この記号はすみ肉溶接である。隣の数値④は溶接脚長と言い、図中のハッチング部の大きさを示している。基線の下側に指示した溶接記号は、矢を付けた部位⑤の溶接様式を指示している。基線の上側に指示した溶接記号は、矢を付けた奥側⑥の溶接様式を指示している。⑧にハッチングで溶接個所

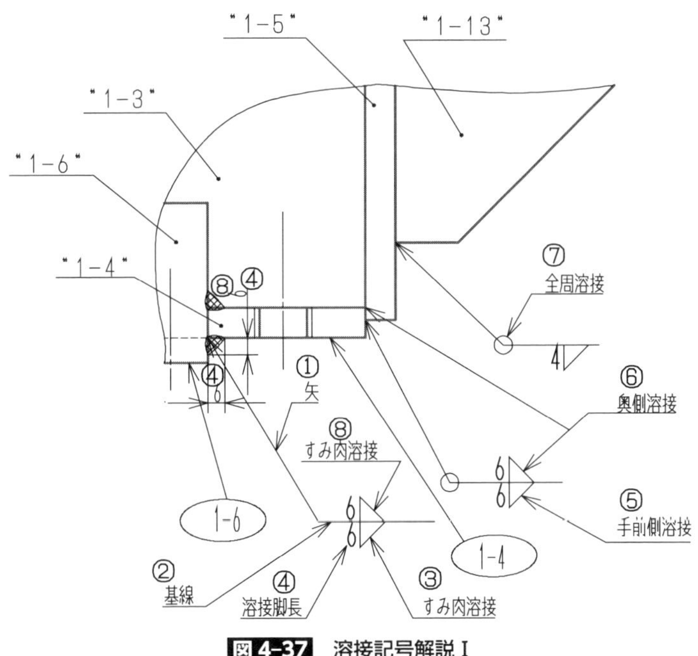

図 4-37　溶接記号解説Ⅰ

を示した。溶接記号の指示の仕方は、基線の上側、下側、上下の３つの表現形式がある。矢と基線の接続部に円を描くと、“全周溶接”の指示となり、部材の接続部を全周溶接する。**図 4–38** はレ形溶接を解説している。①に示したレ形溶接は、溶接する部材の片側に溝加工してできた空間に、肉盛りをしていく溶接形式である。片側に溝加工することから、どちらの部材に溝加工するかを、②に示したように“矢”を折り曲げて、開先側の部材を指示する。レ形溶接では③に示すように、開先角度を指示する。④に示した“ルート間隔”は、レ形溶接する部材の間隔を表す。この例では部材（1-1）と（1-5）の間隔を作らない“ルート間隔 0”が指示されて、部材が密着している。⑤に示したように、溶接深さの数値が括弧つきで示された場合は、開先深さと溶接深さが同じであることを示している。溶接部の形状がハッチングで示されている。基線の上側の溶接指示は、“矢”が示す反対側の溶接を示し、⑥すみ肉溶接、⑦溶接脚長が示されている。**図 4–39** はＶ形溶接を解説している。①に示したＶ形溶接は、両方の部材の開先を取ることから、矢を折り曲げない。②に示したように、開先深さを示す数値には、括弧を付けない。③に示した括弧を付けた数値は、溶接深さを示す。④に示した開先角度は、図に示したように、左右対称である。⑤に

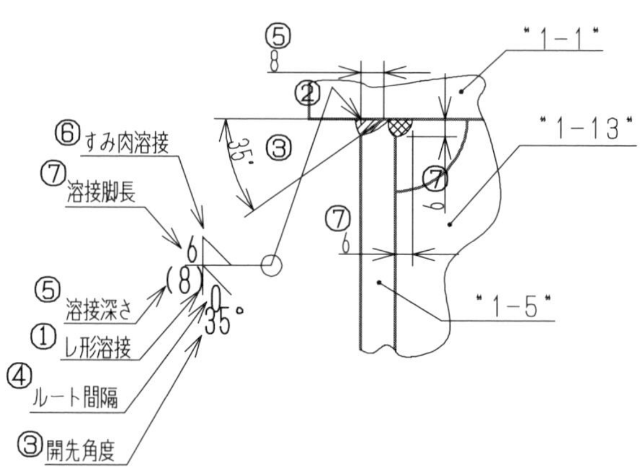

図 4–38　溶接記号解説Ⅱ

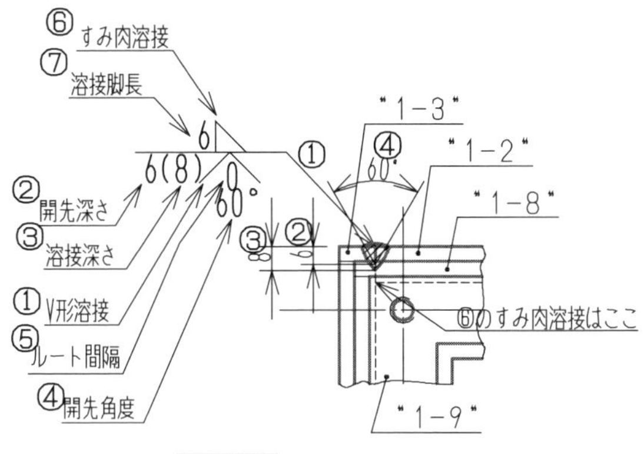

図 4-39　溶接記号解説Ⅲ

示したルート間隔で、部材間の間隔をあける。基線の上側に指示した、⑥すみ肉溶接と、⑦の溶接脚長で“矢”で指示した、反対側の溶接をする。**図 4-40** に課題図に指示された、(1)～(15) の溶接記号を指示した。

4-8　寸法記入の進め方（作動軸⑧）

4-8-1　重要寸法（はめあいなど）と寸法公差

図 4-41 は寸法公差指示した重要寸法を示している。(図 4-41：あ) は、歯車⑦とはめあう軸の寸法を示しており、軸の寸法公差記号ですきまばめ (h7) を指示する。(図 4-41：い、う) は、軸受⑩とのはめあい部で、課題で指示された中間ばめ (m5) の寸法公差を指示する。(図 4-41：え) は、歯車⑨とはめあう軸の寸法を示しており、軸の寸法公差記号ですきまばめ (h7) を指示する。(図 4-41：お) は、課題に指示された軸受⑩の間隔を指示に従って記入する。(図 4-41：か) は、かさ歯車⑦用のキーに関する指示事項で、表 4-1 のキーの寸法から読み取って、寸法及び寸法公差を指示する。キー溝の深さ寸法はノギスで、直接測定できる寸法指示をする。(図 4-41：き) は、歯車⑨用のキーに

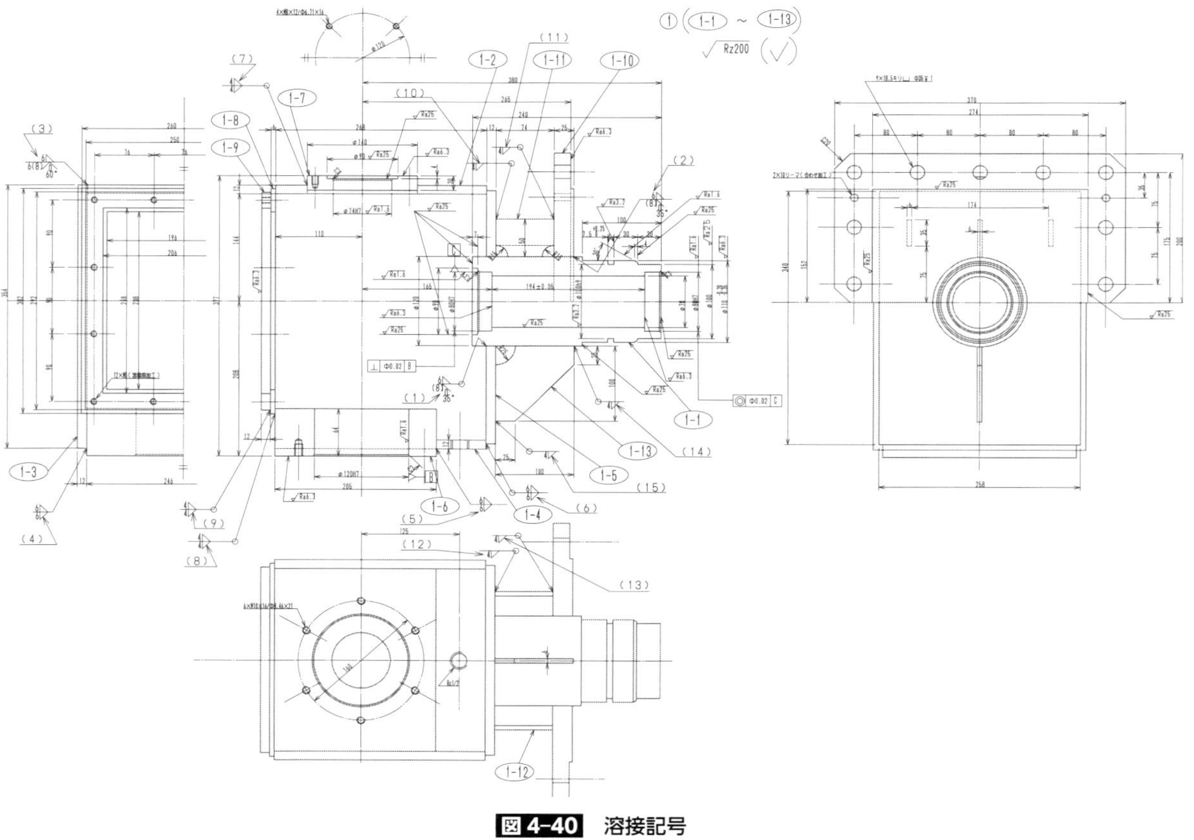

図4-40 溶接記号

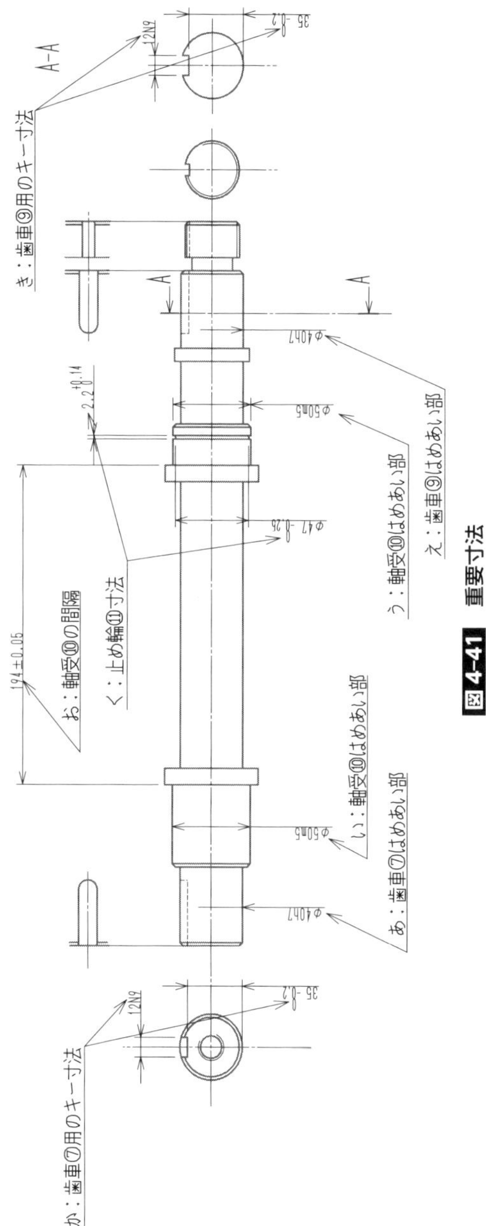
き：歯車⑨用のキー寸法
A-A
12N9
A
φ40h7
φ50m5
φ47
194±0.05
お：軸受⑩の間隔
く：止め輪⑪寸法
う：軸受⑩はめあい部
え：歯車⑨はめあい部
い：軸受⑩はめあい部
あ：歯車⑦はめあい部
か：歯車⑦用のキー寸法

図 4-41　重要寸法

関する指示事項で、表4-1のキーの寸法から読み取って、寸法及び寸法公差を指示する。(図4-41：く)は、止め輪⑪組付け溝で、課題に指示された寸法と、寸法公差を指示する。

4-8-2　ねじ&一般寸法

図4-42はねじに関する指示と、一般寸法を指示している。(図4-42：さ)は、かさ歯車⑦を固定するボルト㉒を締め付けるめねじで、課題に指示されたねじ関連情報を記入する。(図4-42：し)は、歯車⑨を固定するナット⑭を締め付けるおねじで、課題に指示されたねじ関連情報を記入する。(図4-42：す、そ)は、軸受⑩を支える鍔の寸法である。(図4-42：ふ)は、鍔の厚さ寸法である。(図4-42：せ、た)は、軸の軽量化を目的とした逃がし径である。(図4-42：ち)は歯車⑨を支える鍔の寸法である。(図4-42：つ、て)は、転がり軸受用ロックナット⑭を固定する転がり軸受用座金⑮と組合せするキー溝で、表4-2から読み取って寸法を指示する。この溝寸法はノギスで測定できるように指示する。(図4-42：と、ほ)は、かさ歯車⑦及び歯車⑨と、作動軸⑧を固定する、キー溝の長さ寸法である。(図4-42：な、ぬ)は軸受⑩を組付ける部分の長さ寸法である。(図4-42：に)は作動軸⑧の全長寸法である。(図4-42：ね)は、歯車⑨の鍔の位置を決める寸法である。(図4-42：の)は、歯車⑨用の鍔寸法である。(図4-42：は)は、歯車⑨のはめあい長さ寸法である。(図4-42：ひ)は、歯車⑨の固定用ロックナット用のねじ長さである。(図4-42：ま、み)は、ロックナット用の、ねじ加工の逃がし形状の寸法である。図4-42のように寸法が、重要寸法を含めて、30カ所以上ある場合は、寸法の欠落と重複に注意が必要である。全長寸法の下に、各機能関連の長さ寸法、更に補助寸法を配置すると、寸法記入上の問題点が見えやすくなる。キー溝の幅と深さをまとめて記入することでも、記入漏れを防止できる。

4-8-3　半径と面取り&表面性状の指示記号

図4-43に半径と面取り及び表面性状の指示記号を示した。(図4-43：A、B)

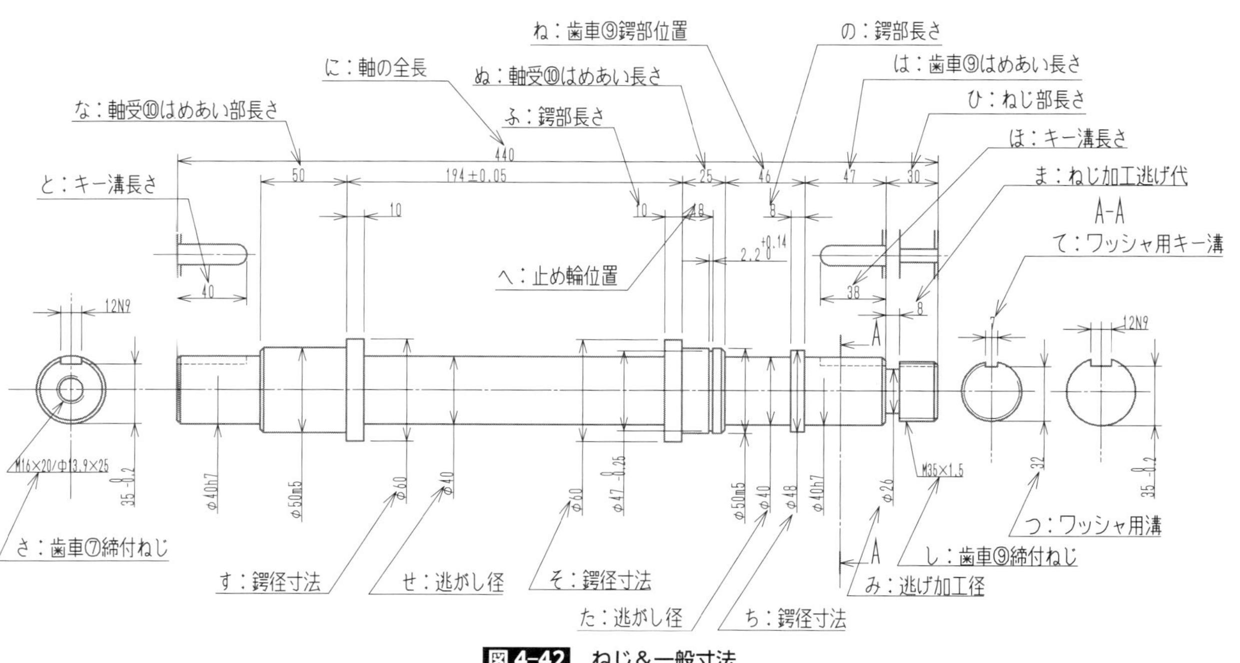

ね：歯車⑨鍔部位置
の：鍔部長さ
に：軸の全長
ぬ：軸受⑩はめあい長さ
は：歯車⑨はめあい長さ
ひ：ねじ部長さ
な：軸受⑩はめあい部長さ
ふ：鍔部長さ
ほ：キー溝長さ
440
と：キー溝長さ
50
194±0.05
25
46
47
30
ま：ねじ加工逃げ代
10
10
8
8
A-A
2.2 +0.14 0
て：ワッシャ用キー溝
へ：止め輪位置
40
38
8
12N9
7
12N9
A
M16×20/Φ13.9×25
Φ40h7
Φ50m5
Φ60
Φ40
Φ60
Φ47 -0.25 0
Φ50m5
Φ40
Φ48
Φ40h7
Φ26
M35×1.5
32
35 -0.2 0
35 -0.2 0
つ：ワッシャ用溝
A
さ：歯車⑦締付ねじ
し：歯車⑨締付ねじ
す：鍔径寸法
せ：逃がし径
そ：鍔径寸法
み：逃げ加工径
た：逃がし径
ち：鍔径寸法

図 4-42　ねじ＆一般寸法

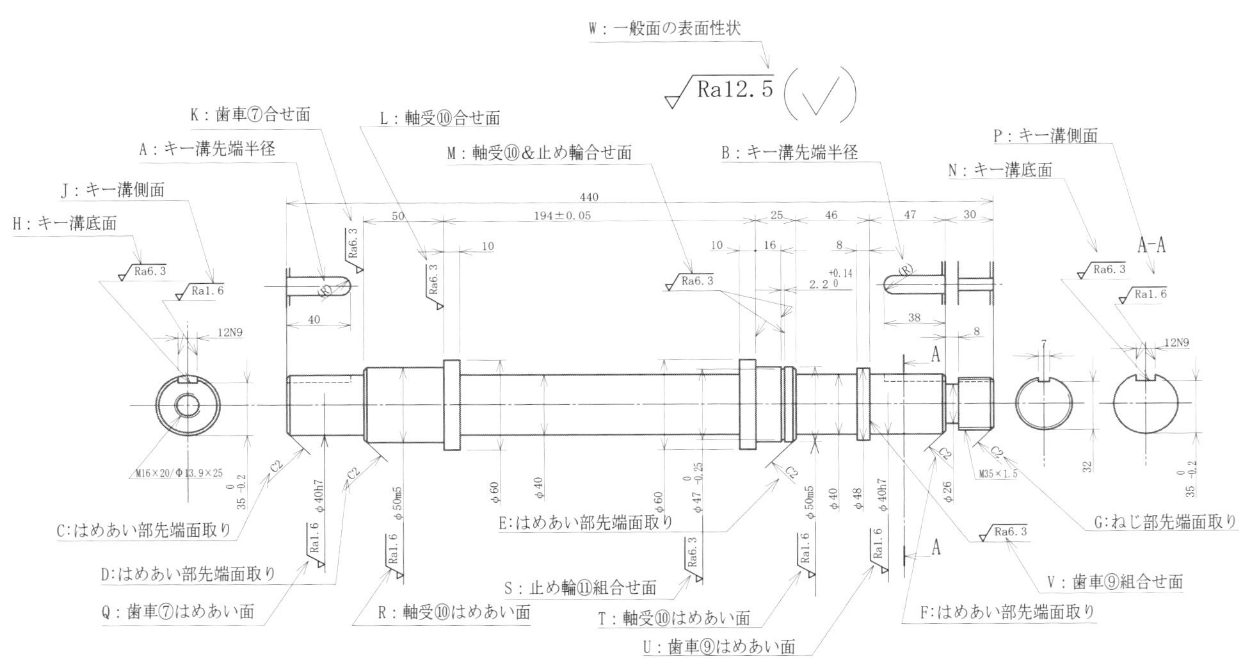

図 4-43 半径と面取り&表面性状の指示

は、キー溝の先端の半径で、(R) の指示をし、具体的な数値は、(図 4-41：か、き) に示したキー幅の数値から解読する。(図 4-43：C、D、E、F) は、はめあい部の入り口の、面取り寸法指示である。(図 4-43：G) は、ねじ部の入り口の面取り寸法である。(図 4-43：H、N) は、キー溝の底面でキーと合わせ面となり、Ra6.3 を指示する。(図 4-43：J、P) は、キー溝の幅部で、はめあい及びトルク伝達面で、Ra1.6 を指示する。(図 4-43：K、L、V) は、歯車及び軸受の当たり面で、Ra6.3 を指示する。(図 4-43：M) は、軸受の当たり面と止め輪⑪の当たり面で、Ra6.3 を指示する。(図 4-43：Q、U) は、かさ歯車⑦、歯車⑨のはめあい面で Ra1.6 を指示する。(図 4-43：R、T) は、軸受⑩のはめあい面で、Ra1.6 を指示する。(図 4-43：S) は、止め輪⑪の組付け面で、Ra6.3 を指示する。(図 4-43：W) は、一般面の表面性状である。

4-8-4　幾何公差

図 4-44 に幾何公差の指示記号を示した。(図 4-44：イ) はデータムで軸受 (左側) のはめあい部の中心軸線を指示している。はめあい部の寸法線に対抗した位置にデータム記号を描く。(図 4-44：ロ) は、円筒度の指示で、軸受 (左) のはめあい部の面に外側から指示線を付けるが、寸法線と対向しない位置に指示する。(図 4-44：ハ) は、同軸度の指示で軸受 (左側) の中心線をデータムとして、軸受 (右側) の寸法線に対抗して指示線を描き、中心軸線の位置が直径 0.02mm の円筒内に指示する。

4-9　解答図全般

4-9-1　解答図の例

図 4-45 (巻末) に解答図の例を示した。

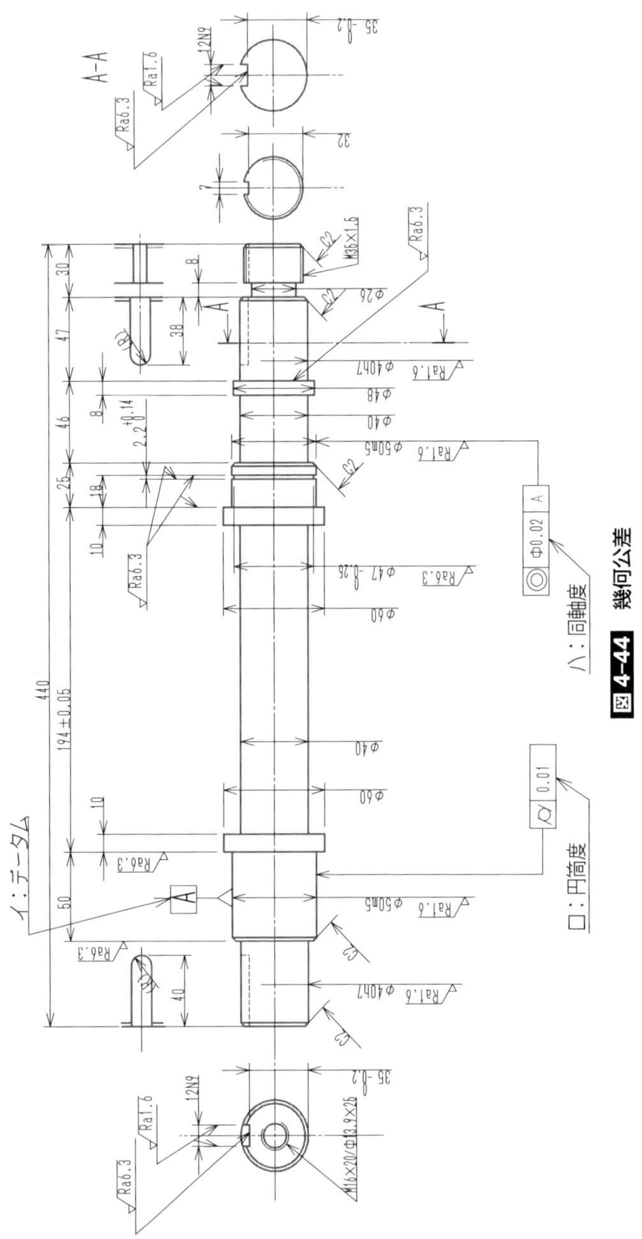

図 4-44 幾何公差

4-9-2　参考：部材の読み取りⅠ

図4-46（巻末）に、課題図を読取る場合に、部品の構造などを考慮すると容易になる例を示す。（図4-46：あ）に示したOリング⑰は、円筒形形状の溝に組込んで、油密効果を発揮することから、Oリングが組付ける部分は、円筒に溝形状を作った形であり、部材(1-1)は円筒形状であることがわかる。**写真4-1**にOリングを示した。（図4-46：い）に示した補助線から、部材(1-1)と(1-5)の勘合部（図4-46：う）が、円形であることを示している。（図4-46：え）に部材(1-1)の直径を示した。（図4-46：お）に部材(1-1)の外形（全長）を示した。閉止プラグ㉔があることから、かさ歯車④、⑦の入る空間は、潤滑油を入れる閉鎖空間を構成していることがわかる。閉止プラグ㉔を組付けている部材(1-4)の周辺は、全周溶接でされている。（図4-46：か、き）に、部材(1-2)の外形を、（図4-46：く）に板厚を示した。（図4-46：け、こ）に、部材(1-3)の外形を、（図4-46：さ）に板厚を示した。（図4-46：し）に、部材(1-4)の外形を、（図4-46：す）に板厚を示した。（図4-46：つ）に、部材(1-6)の外形を、（図4-46：と）に板厚を示した。上面に部材(1-2)、その両側に部材(1-3)を2枚溶接して、部材(1-4)(1-6)で底面を構成するロの字形を作り、部材(1-5)と、部材(1-8)と部材(1-9)、閉止カバー⑪、パッキン⑬でふたをする構造である。

4-9-3　参考：部材の読み取りⅡ

図4-47（巻末）に、構造から課題図を読取る視点が示されている。部材

写真4-1　Oリング

(1-13)の形状は主投影図に（図 4-47：わ）で示されており、板厚は左側面図の（図 4-47：ん）に示されている。部材(1-8)の外形は（図 4-47：ぬ、ね）に、穴形状は（図 4-47：は、へ）で示されており、板厚は（図 4-47：の）で示されている。

4-9-4　参考：CAD モデル

図 4-48、**図 4-49**、**図 4-50** に課題図を CAD モデル化して示した。

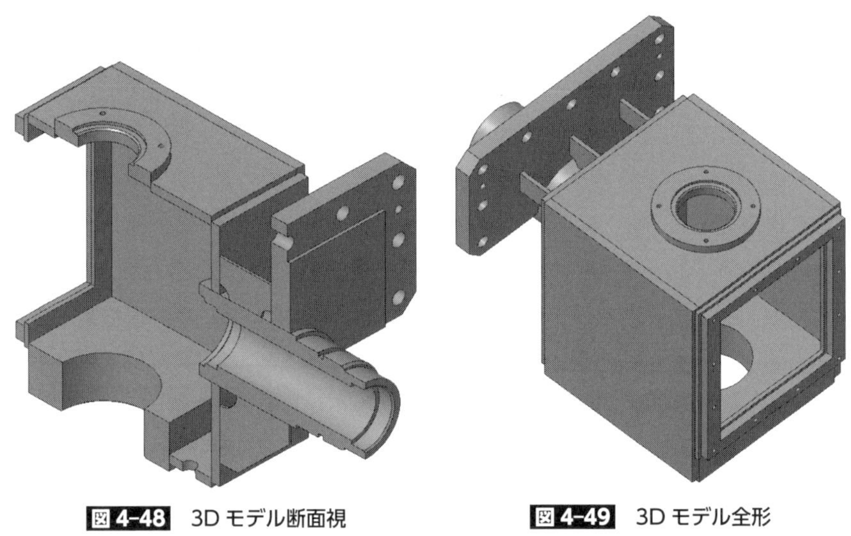

図 4-48　3D モデル断面視

図 4-49　3D モデル全形

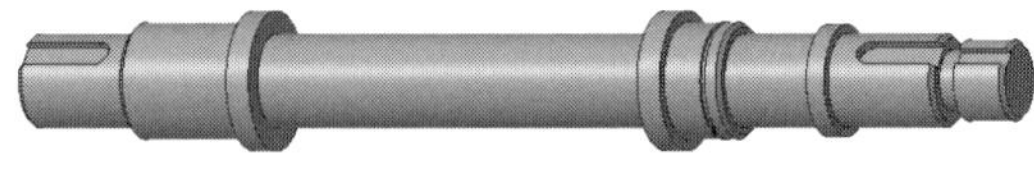

図 4-50　3D モデル軸

第5章

令和3年度の1級実技課題の解読例

図 5-1（巻末）に示した課題図は、ある工業用機械の組立図を尺度１：２で描いたものである。次の注意事項及び仕様に従って、課題図中の本体①「(1-1)～(1-14)で構成される鋼板材料｛SS400｝溶接組立品」及び軸受押え⑧鋼板材料｛SS400｝の図形を描き、寸法、寸法の許容限界、幾何公差、表面性状に関する指示事項及び溶接記号を記入し、部品図を作成する。

5-1　部品図作成要領

部品図作成要領は 4-1 項と共通である。

5-2　課題図の説明

図 5-1（巻末）に示した課題図は、ある工業用機械の組立図を尺度１：２で描いたものである。主投影図は、課題図の A-B-C-D-E-F の断面図としている。また、一部は破断線を用いて描いている。右側面図は、課題図の H から見た外形図で入力歯車軸③と出力軸⑦の中心線より上側を J-J の断面図としている。平面図は、課題図の K-L-M-N-O-P の断面図としている。右側面図下の部分投影図は Q から見た照合番号(1-5)(1-13)の外形図である。右側面図右の部分投影図は R から見た外形図である。拡大図は O リング用面取り部を描いている。本体①は、鋼板材料「SS400」からなり、溶接組立後焼きなましのうえ、機械加工されている。軸受押え③は、鋼板材料「SS400」からなり、焼きなましのうえ、機械加工されている。電動機（図示されていない）の回転力は、入力歯車軸③、平歯車④、中間歯車軸⑤、平歯車⑥及び出力軸⑦を介して伝達される。②は上部カバー、⑨、⑩、⑪は軸受カバー、(12a)(12b)(12c)(12d)⑬は深溝玉軸受、⑭、⑮はオイルシール、⑯、⑰、⑱、⑲、⑳は取付ボルト、㉑、㉒は平行ピン、㉓は排油プラグ、㉔は油面計である。

5-3 本体①指示事項

(1) 本体①及び軸受押え⑧の部品図は、第三角法により尺度１：２で描く。

(2) 本体①及び軸受押え⑧の部品図は、**図 5-2** の配置で描く。

(3) 本体①の図は主投影図、右側面図、平面図、下面図及び局部投影図とし、部材の照合番号を含めて、図 5-2 の配置で下記 a～j により描く。

a 主投影図は断面識別記号を用いて課題図の A-E-D-G の断面図とする。

b 右側面図は断面識別記号を用いて課題図の J-J 断面とする。

c 平面図は課題図の U から見た外形図とする。

d 下面図は課題図の S から見た照合番号(1-5)と(1-13)の外形図とし、対称図示記号を用いて中心線より下側を描く。

e 局部投影図は課題図の R から見た照合番号(1-7)のねじに関してのみ描く。

f ねじ類は下記による。

イ 上部カバー②の取付けボルト⑩、⑥のねじは、メートル並目ねじ呼び径 12mm である。これ用のめねじの下穴径は 10.2mm とする。

ロ 上部カバー②の取付けボルト⑩用のきり穴は直径 12mm で黒皮面には、直径 24mm 深さ 1mm の座ぐりを施す。

ハ 軸受押え⑧の取付ボルト⑩のねじは、メートル並目ねじ呼び径 12mm である。これ用のめねじの下穴径は 10.2mm とする。

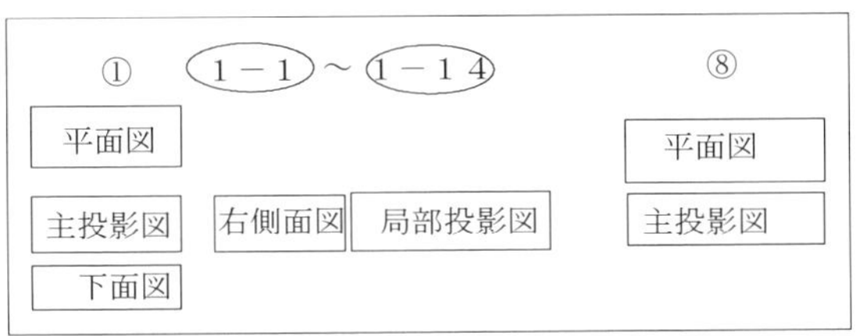

図 5-2 図形配置

ニ　軸受カバー⑨、⑩、⑪の取付ボルト⑳のねじは、メートル並目ねじ呼び径10mmである。これ用のめねじの下穴径は、8.46mmとする。

ホ　本体①の取付ボルトの入るボルト用のきり穴は直径14.5mmで黒皮面には、直径28mm、深さ1mmの座ぐりを施す。

ヘ　上部カバー②との合わせ目用平行ピン㉑（対称2箇所）は呼び径8mmである。この穴加工はリーマ加工とし、「(合わせ加工)」と指示する。

ト　軸受押え⑧との合わせ日用平行ピン㉒（対称2箇所）は呼び径6mm、深さ8mmである。この穴加工はリーマ加工とし、「(合わせ加工)」と指示する。

チ　排油プラグ㉓のねじは、管用テーパねじ呼び1/2である。これ用のめねじは管用テーパめねじとする。

リ　油面計㉔の入る穴は34リーマとし黒皮面には、直径45mm、深さ1mmの座ぐりを施す。

g　深溝玉軸受⑫a⑫b⑫c⑫dの呼び外径は直径80mm、深溝玉軸受⑬の呼び外径は直径110mmである。

h　下記により幾何公差を指示する。

イ　軸受カバー⑩、⑪の取付面の平面度は、0.05mm離れた平行二平面の間にある。

ロ　軸受カバー⑩、⑪の取付面をデータムとし、軸受カバー⑨の取付面の平行度は、0.05mm離れた平行二平面の間にある。

ハ　軸受カバー⑪の入る穴の軸線をデータムとし深溝玉軸受⑬の入る穴の軸線の同軸度は、その公差域が直径0.02mmの円筒内にある。

ニ　軸受カバー⑩、⑪の取付面を一次データム、軸受カバー⑪の入る穴の軸線を二次データムとし、軸受カバー⑩の入る穴の位置度は、出力軸⑦と中間歯車軸⑤間を理論的に正確な寸法とし、その公差域が直径0.02mmの円筒内にある。

ホ　軸受カバー⑩の入る穴の軸線をデータムとし深溝玉軸受⑫cの入る

穴の軸線の同軸度は、その公差域が直径 0.02mm の円筒内にある。

i　軸受押さえ⑧とのはめあい部（図中 Z 寸法）の公差は、隙間が 0.014mm から 0.094mm となるよう指示する。

j　本体①を構成している各部材の照合番号(1-1)～(1-14)を図中に記入する。

5-4　軸受押え⑧指示事項

軸受押え⑧の図は主投影図、平面図とし、図 5-2 の配置で下記 a～h により描く。

a　主投影図は課題図の T からみた外形図とする。

b　平面図は課題図の U からみた外形図とする。

c　本体①との取付ボルト⑱用のきり穴は直径 13mm である。

d　本体①との合わせ目用平行ピン㉒（対称２箇所）は呼び径 6mm である。この穴加工はリーマ加工とし、「(合わせ加工)」と指示する。

e　内部円筒加工に関する寸法及び表面性状は、個々に記入せず、照合番号の近辺に「(内部円筒加工に関する寸法、表面性状は合わせ加工とする)」と一括指示する。

f　本体①とのはめあい部の公差は、「＋0.04～0mm」と指示する。

g　鋼板の表面性状の指示は、照合番号の近辺に一括して示し、その後ろの括弧の中に機械加工面に用いる表面性状を記入する。(大部分が同じ表面性状である場合の簡略指示。)

h　鋼板の表面性状は、除去加工の有無を問わない場合の表面性状の図示記号を用い、粗さパラメータ及びその数値は Rz200 とする。

5-5　溶接指示

図面への溶接の指示は下記による。指示は、各々の項目について１箇所のみとする。すべて連続溶接とする。「外側」又は「内側」とあるのは本体①の外側、内側を示す。

(1) (1-1)と(1-3)との溶接は、内側すみ肉溶接脚長 4mm。

(2) (1-1)と(1-5)との溶接は、開先を(1-1)側として、外側レ形溶接、開先深さ 4mm、溶接深さ 6mm、開先角度 45°、ルート間隔 0mm。内側すみ肉溶接脚長 4mm。

(3) (1-1)と(1-6)との溶接は、外側すみ肉溶接脚長 6mm、内側すみ肉溶接脚長 4mm。

(4) (1-1)と(1-8)との溶接は、両側すみ肉溶接脚長 4mm。

(5) (1-1)と(1-13)との溶接は、外側すみ肉溶接脚長 6mm。

(6) (1-3)と(1-4)との溶接は、両側すみ肉溶接脚長 4mm。

(7) (1-4)と(1-13)との溶接は、両側すみ肉溶接脚長 4mm。

(8) (1-5)と(1-11)との溶接は、両側すみ肉溶接脚長 6mm。

(9) (1-5)と(1-12)との溶接は、全周すみ肉溶接脚長 6mm。

(10) (1-5)と(1-13)との溶接は、外側すみ肉溶接脚長 6mm。

(11) (1-5)と(1-14)との溶接は、両側すみ肉溶接脚長 6mm。

(12) (1-6)と(1-9)との溶接は、開先を(1-9)として、合わせ面側レ形溶接、開先深さ 8mm、溶接深さ 8mm、開先角度 35°、ルート間隔 0mm。外側すみ肉溶接脚長 6mm。

(13) (1-10)と(1-11)との溶接は、両側すみ肉溶接脚長 6mm。

5-6 本体①の作図の進め方

5-6-1 平面図

課題図の平面図は K-L-M-N-O-P で示されており、解答図は外形図を描くことを求められており、**図 5-3** に示した課題図の K-L-O-P に相当する図形を描くことになる。図 5-3 の左側の部分（K-L に相当）の軸受⑫c及び軸受カバ

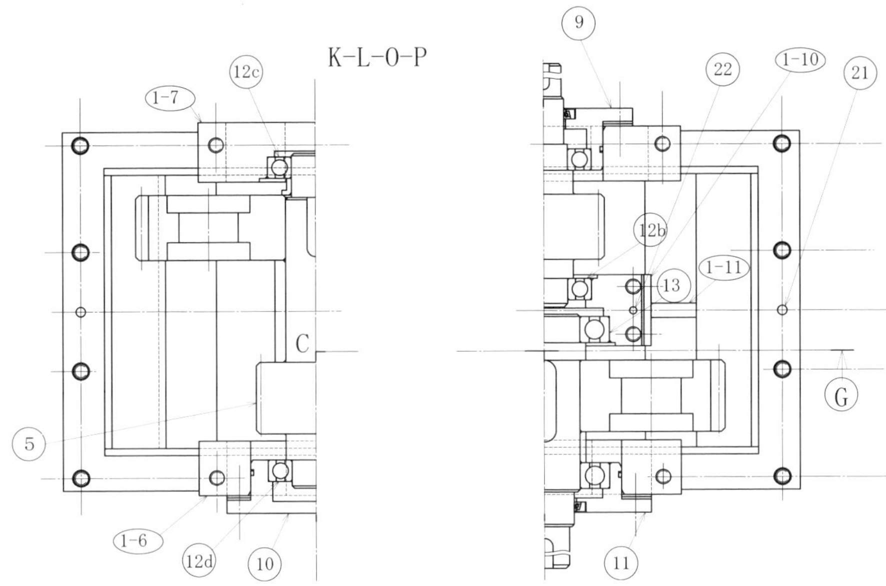

図 5-3　平面図解読補助図

ー⑩より中心軸側の部分は、機械の構成部品であり平面図の作図対象ではない。右側の部分（O-P に相当）の軸受カバー⑨、⑪及び軸受⑫b⑬より中心の部分は、機械の構成部品であり平面図の作図対象ではない。部材(1-6)、(1-7)、(1-10)の描かれていない部分は、はめあい部であり、中心線対象で描く。部材(1-11)は主投影図から読み取って描く。**図 5-4** に平面図を示した。

5-6-2　主投影図

主投影図は平面図の断面 A-E-D-G の図を描くように指示されている。図 5-4 に示した A-E の部材(1-6)の左側の、熱受カバー⑩と軸受⑫c とのはめあい部は、平面図からはめあい部の円筒図形を描く。その他の部分は主投影図を写しとって描く。軸受カバー⑪及び軸受⑫b⑬のはめあい部は、平面図からはめ

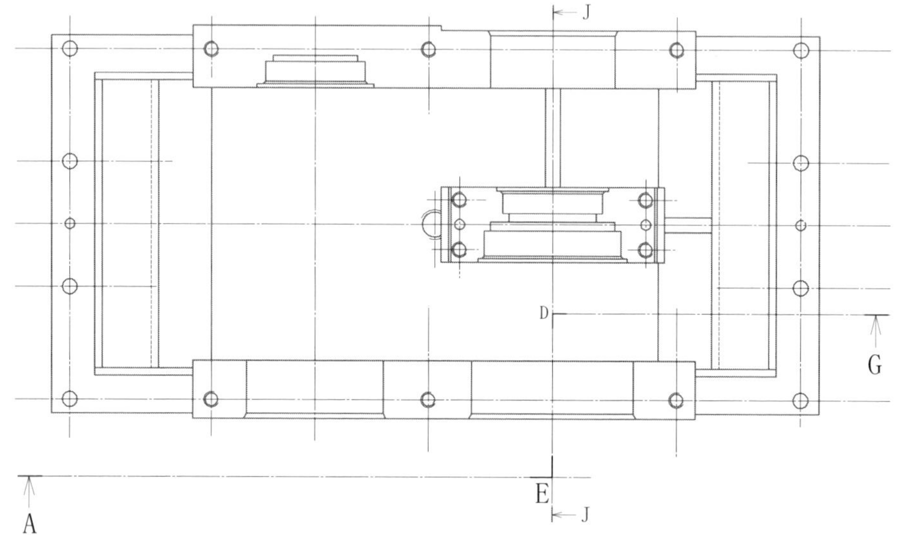

図 5-4 平面図

あい部の円筒図形を描く。軸受カバー⑪のはめあい部は部材(1-10)にかくれており、描く必要はない。残りのD–Gの部分は、課題図の主投影図から写し取って描く。**図 5-5** に主投影図を示した。

5-6-3 右側面図

右側面図（J–J）は図 5–4、図 5–5 に示した J–J を解読して図を描いていく。部材の詳細形状は図 5–1 の課題図から読み取って描く。**図 5–6** に右側面図（J–J）を示した。

5-6-4 下面図

下面図は部材(1-5)、(1-13)を描くように指示されており、図 5–1 の右側面図の下と、図 5–5 に形状と板厚が、図示されている。

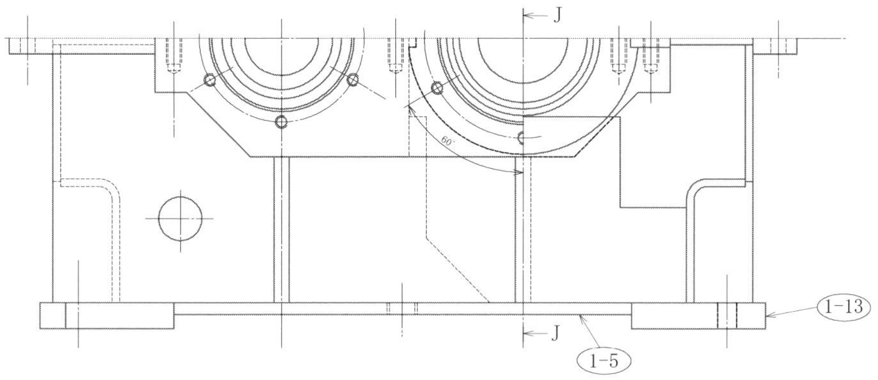

図 5-5　主投影図

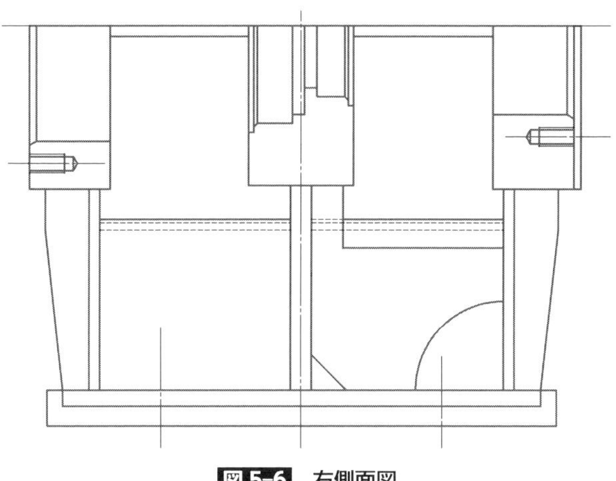

図 5-6　右側面図

5-6-5　局部投影図

局部投影図は部材(1-7)の、ねじ配置を描くように指示されており、図 5-1 の右側面図の右側の、局部投影図の配置から描く。

5-7 軸受押え⑧の作図の進め方

5-7-1 主投影図

図5-1の主投影図から外形を読み取ることができ、平面図の軸受⑬のはめあい部から、はめあい部の円筒形状を読み取って、作図することができる。

5-7-2 平面図

軸受押え⑧の主投影図から平面図を読み取り、穴に関する情報は図5-1の平面図から読み取って描く。**図5-7**に軸受押え⑧の図形を示した。

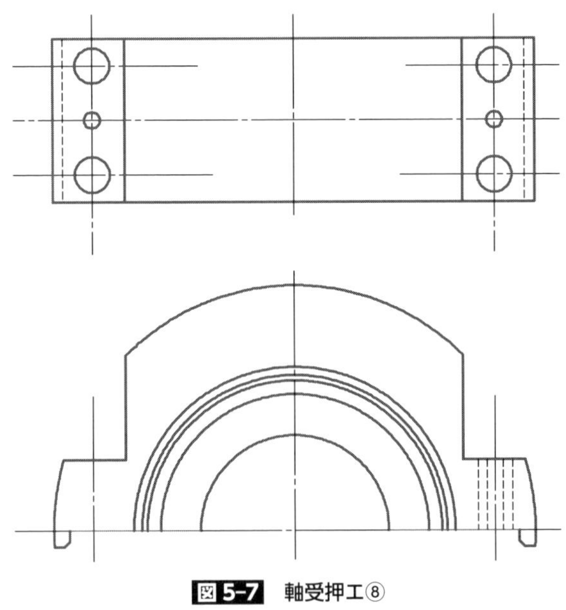

図5-7 軸受押工⑧

5-8 寸法記入

5-8-1　重要寸法と関連する指示事項

5-8-1-1　２つの歯車軸の軸間距離

「5-3 指示事項（3）、h、ニ項」の幾何公差の指示に従い、軸受カバー⑩のはめあい部（**図 5-8**（巻末）：A）と、軸受カバー⑪のはめあい部（図 5-8：F）の、軸間距離を指示する。公差記入枠は（図 5-8：B）に示し、理論的に正確な寸法は（図 5-8：C）に、データムは（図 5-8：D、E）に示した。はめあい部には（図 5-8：G、L）に示した表面性状を指示する。はめあい部入口形状は、組付け対象部品が硬い場合（軸受等）はＣ面取り、軟らかい部品は 30 度の面取りを指示する。図 5-1 にＯリング（部品番号なし）が示されており、部分拡大図にその寸法が示されている。（図 5-8：H、J、M、N）に示したように図示し、（図 5-8：K、P）の表面性状を指示する。軸受カバー⑨のはめあい部の寸法等も同様に記入する。

5-8-1-2　軸受のはめあい寸法

軸受⑫ⓒのはめあい寸法（図 5-8：あ）を描く時に、関連する事項を同時進行で描くことにより、記入忘れを防止できる。（図 5-8：い）のはめあい部の深さ、（図 5-8：う）の入口のＣ面取り、（図 5-8：え、お）の表面性状を描く。はめあい穴が止まり穴の場合は、（図 5-8：か、き）の内輪の逃げ形状及び、（図 5-8：く）の表面性状を描く。軸受⑫ⓑ、⑬のはめあい部寸法等も同様に記入する。

5-8-1-3　本体①と軸受押え⑧の組合せ寸法

「5-3 指示事項⑶、i 項及び 5-4 軸受押え⑧指示事項ｆ項」の指示により、（図 5-8：さ、し）にあるように寸法公差を指示する。指示事項にある内容を独自の判断ではめあい指示すると、得点をもらえない可能性があり、見落とさないで必ず指示事項を守る。そのためにも寸法記入の前に、指示事項を再度読み直すと、記入ミスを防止できる。（図 5-8：す、せ）にあるように、表面性状を記入する。

5-8-1-4　軸受押え⑧のはめあい部の指示

「5-4 軸受押え⑧指示事項 e 項」の指示により、軸受のはめあい寸法等は、注記で指示する。寸法記入前に指示事項を読み直す。

5-8-2　ねじ、穴等の寸法指示

5-8-2-1　軸受カバー締付ねじ

軸受カバー⑩、⑪の締付用ねじに関する指示は、（**図 5-9**：イ、ロ）に示してあり、ねじの配置寸法を（図 5-9：ハ、ニ）に示した。ねじを加工する部材（1-6）の寸法が記入できているかを順に確認していくと、（図 5-9：ホ、ヘ、ト、チ、リ）に示されている。ただし、主投影図側から見た形状及び位置関係が、部材（1-6）と（1-7）は同じであり、一部の寸法は混じりあって指示されている。

5-8-2-2　本体②の締付ねじ

本体②の締付ねじ、締付用の穴、位置決め用のリーマ穴に関する指示は、（**図 5-10**：A、B、C）に示してあり、ねじと穴の配置寸法は、（図 5-10：D、E、F、G）に示されている。加工する部材（1-6）、（1-7）、（1-8）及び（1-9）の加工面の寸法が、記入できているかを順に確認していくと、（図 5-10：H、J、K、L、M、N）に示されている。寸法を記入した後にねじ指示などを行う場合は、ねじの配置寸法と加工面の形状寸法が記入できているかを確認することにより、図面の完成度が高まる。

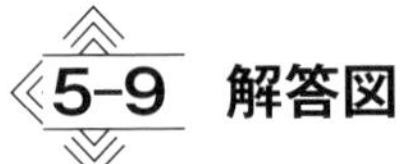

5-9　解答図

解答図の例を**図 5-11**（巻末）に示した。

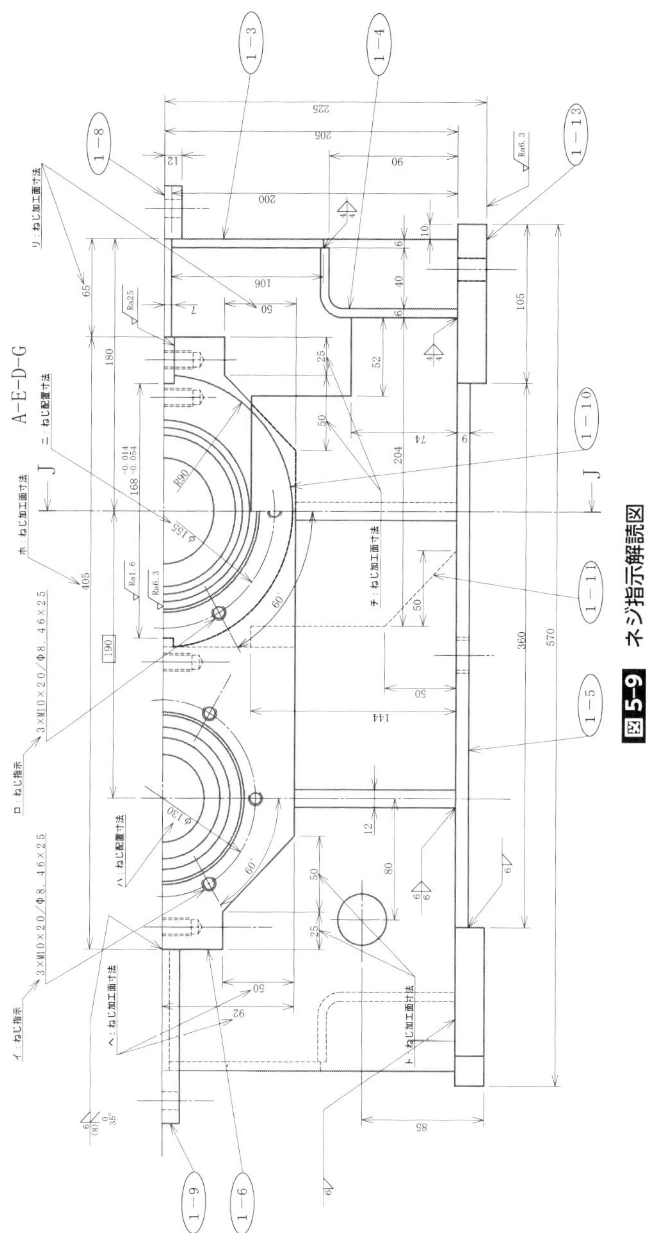
A-E-D-G
J
イ：ねじ指示
ロ：ねじ指示
ハ：ねじ配置寸法
ニ：ねじ配置寸法
ホ：ねじ加工面寸法
ヘ：ねじ加工面寸法
ト：ねじ加工面寸法
チ：ねじ加工面寸法
リ：ねじ加工面寸法
3×M10×20/Φ8.46×25
3×M10×20/Φ8.46×25
1－3
1－4
1－5
1－6
1－8
1－9
1－10
1－11
1－13
Ra25
Ra1.6
Ra6.3
Ra6.3
R90
φ155
φ130
60°
60°
168 -0.014 -0.054
190
225
205
200
90
106
50
12
65
180
405
570
360
105
204
144
92
85
80
74
52
50
25
12
10
6
7
4

図 5-9　ネジ指示解読図

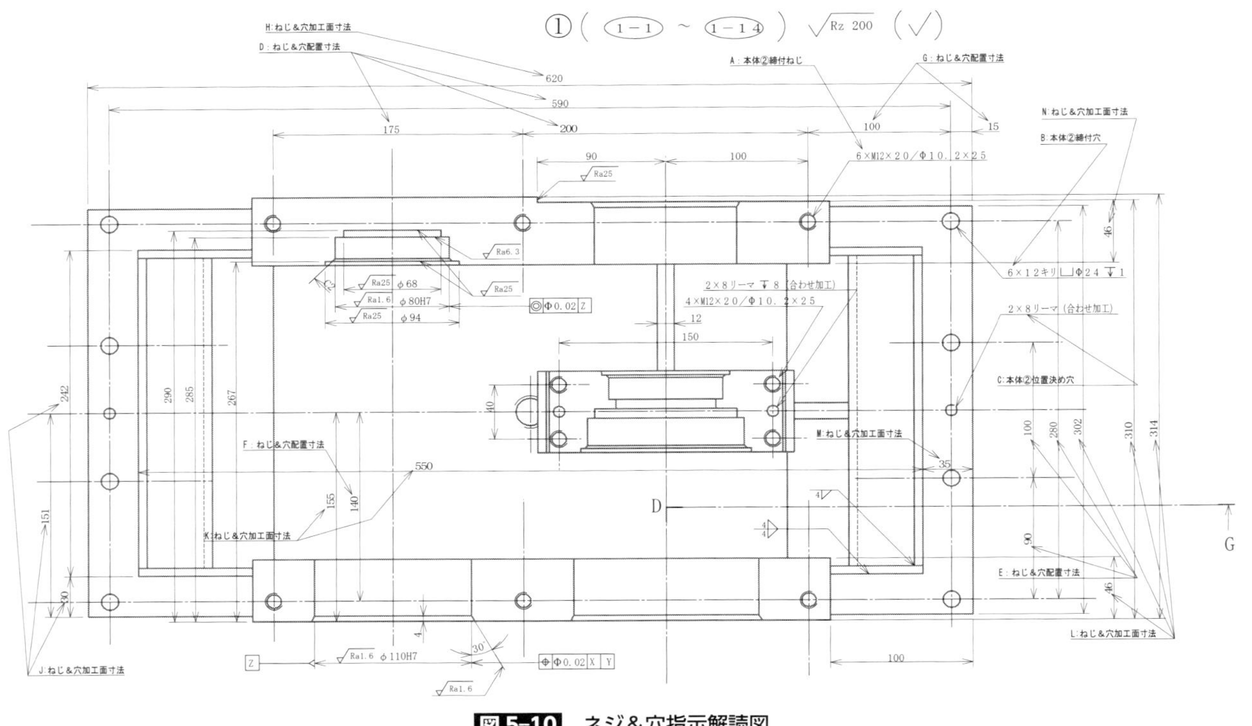

図5-10 ネジ＆穴指示解読図

第6章

令和４年度の１級実技課題の解読例

図 6-1（巻末）に示した課題図は、ある圧縮機装置の組立図を尺度 1：2 で描いたものである。次の注意事項及び仕様に従って、課題図中の本体①（(1-1)～(1-15)で構成されている鋼板材料［SS400］溶接組立品）及び、クランク軸③鍛鋼品材料［SF440］の図形を描き、寸法、寸法の許容限界、幾何公差、表面性状に関する指示事項及び溶接記号等を記入し、部品図を作成する。

6-1 部品図作成要領

部品図作成要領は 4-1 項と共通である。

6-2 課題図の説明

課題図は、圧縮機装置の組立図を尺度 1：2 で描いたものである。主投影図は、課題図の A-A の断面図で一部を G から見た外形図で示している。右側面図は、課題図の B から見た外形図で、中心線より右側に C-C の断面図を示している。また、中心線より左側の一部を、破断線を用いて D-D の断面図を示している。平面図は、課題図の E から見た外形図である。本体①は、鋼板「SS400」からなり、溶接組立後焼きなましのうえ、機械加工されている。クランク軸③は鍛鋼品「SF440」で、必要な部分は機械加工されている。電動機の回転力は、クランク軸③、コネクティングロッド④を、介してピストン⑤に伝達される。②はシリンダー、⑥は軸受カバー、⑦は軸受押えカバー、⑧はカバー、⑨⑩は深溝玉軸受、⑪はオイルシール、⑫はエアブリーザー、⑬⑭⑮は取付ボルト、⑯はノックピン、⑰は油面計、⑱は排油プラグである。

6-3 本体①指示事項

(1) 本体①及びクランク軸③の部品図は、第三角法により尺度 1：2 で描く。

(2) 本体①及びクランク軸③の部品図は、**図 6-2** の配置で描く。

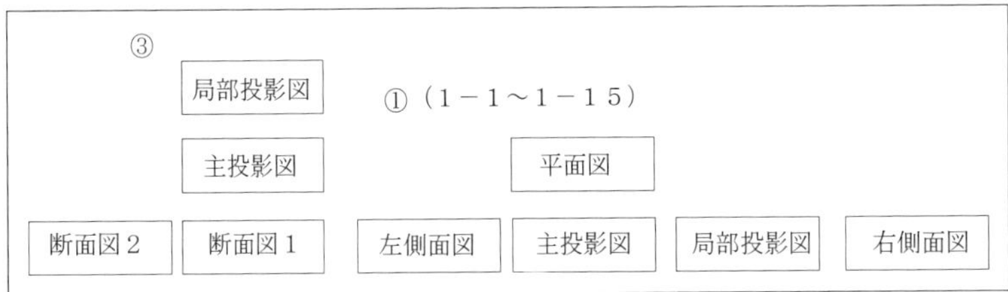

図 6-2　解答図配置

(3)　本体①の図は主投影図、右側面図、左側面図、平面図及び局部投影図とし、部材の照合番号を含めて図 6-2 の配置で次の a～i により描く。

a　主投影図は、課題図の A-A の断面図とする。

b　右側面図は、断面の識別記号を用いて課題図の C-C の断面図とし、破断線を用いて中心線を含む右側を描く。

c　左側面図は、課題図の F から見た外形図とする。

d　平面図は、課題図の E から見た外形図とする。

e　局部投影図は、課題図の B から見た図とし、取付ボルト⑩用のねじ穴に関してのみ描き、対称図示記号を用いて中心線から右側のみを描く。

f　ねじ類は次による。

イ　取付ボルト⑩のねじは、メートル並目ねじ呼び径 8mm である。これ用のめねじの下穴径は、6.71mm とする。

ロ　取付ボルト⑨のねじは、メートル並目ねじ呼び径 6mm である。（溶接前加工）と指示する。

ハ　取付ボルト⑩のねじは、メートル並目ねじ呼び径 5mm である。（溶接前加工）と指示する。

ニ　本体①の取付ボルト（図示していない）の入るきり穴は直径 12mm である。

ホ　ノックピン⑯（点対称２箇所）は呼び径 8mm である。この穴加工はリーマ加工とし、（合わせ加工）と指示する。

ヘ　油面計⑰の入る穴は 34 リーマとし、黒皮面には、直径 45mm、深さ

1mm の座ぐりを施す。

ト　排油プラグ⑱のねじは、管用テーパねじ呼び 3/8 である。これ用のめねじは管用テーパめねじとする。このめねじの下穴径は、14.5mm とする。

g　深溝玉軸受⑩の呼び外径は直径 80mm である。

h　次により幾何公差を指示する。

イ　シリンダー②の取付面の平面度は、0.02mm 離れた平行二平面の間にある。

ロ　軸受カバー⑥の入る穴の軸線をデータムとし、深溝玉軸受⑩の入る穴の軸線の同軸度は、その公差域が直径 0.02mm の円筒内にある。

ヘ　軸受カバー⑥の入る穴の軸線と深溝玉軸受⑩の入る穴の軸線を共通データムとし、シリンダー②の取付面の平行度は、0.05mm 離れた平行二平面の間にある。

ニ　軸受カバー⑥の入る穴の軸線と深溝玉軸受⑩の入る穴の軸線を共通データムとし、シリンダー②の入る穴の軸線の直角度は、その公差域が直径 0.02mm の円筒内にある。

i　本体①を構成している各部材の照合番号（(1-1)～(1-15)）を図中に記入する。

6-4　クランク軸③指示事項

クランク軸③の図は主投影図、断面図 1、2 及び局部投影図とし、図 6-2 の配置で次の a～m により描く。

a　主投影図は、課題図の G から見た外形図とする。

b　断面図 1 は、断面の識別記号を用いて課題図の H-H の断面を描く。

c　断面図 2 は、断面の識別記号を用いて課題図の J-J の断面図とし、キー溝部に関してのみ描くこと。キー溝に関しては、軸径 46mm、キー溝幅 14mm、溝幅公差は N9、キー溝の反対側の外径からキー溝底までの寸法は

40.5mm、許容差は0/－0.2mmとする。

d　局部投影図は、キー溝形状に関してのみ描く。

e　深溝玉軸受⑨⑩の呼び内径は直径50mmで、軸側のはめあい公差はk5とする。

f　コネクティングロッド④との、軸側のはめあい公差はe6とする。

g　キー溝部の軸公差は、締め代0.018mmからすきま0.023mmとなるように、穴側許容差＋0.025/0mmより公差を指示する。

h　次により幾何公差を指示する。

イ　深溝玉軸受⑨とのはめあい部の軸線をデータムとして、深溝玉軸受⑩とのはめあい部の軸線の同軸度は、その公差域が直径0.01mmの円筒内にある。

ロ　深溝玉軸受⑨とのはめあい部の軸線と深溝玉軸受⑩とのはめあい部の軸線を共通データムとし、コネクティングロッド④とのはめあい部の軸線の平行度は、その公差域が直径0.02mmの円筒内にある。

i　表面性状は、深溝玉軸受⑨⑩とのはめあい部、コネクティングロッド④とのはめあい部と両端面、オイルシール用30°面取り部及びキー溝幅面はRa1.6とし、深溝玉軸受⑨⑩と接触する端面、キー溝底面及びキー部の外径はRa6.3とし、軸の両端面及び深溝玉軸受⑨⑩と接触する端面を持つ円筒面はRa25とすること。その他の面は素材のままとし記入不要。

j　図中の(T)部（寸法366±0.2）間は図中のT点を中心として左右点対称形状である。

課題図と同様に「(T)366±0.2」の寸法及び点「F」を記入して、照合番号の近辺に「(T)部はT点を中心として左右点対称形状」と注記する。これにより、寸法、公差、幾何公差Tび表面性状は一箇所のみ記入する。

k　照合番号の近辺に「指示なき角隅の丸みはR3とする」と注記する。

ℓ　普通公差に関しての指示は不要とする。

m　表面性状の指示は、③の照合番号の近辺に鍛造面の表面性状を一括して示し、その後ろの括弧の中に機械加工面に用いる表面性状を記入する（大部分が同じ表面性状である場合の簡略指示)。鍛造面の表面性状は、除去加工の有無を問わない場合の表面性状の図示記号を用い、表面粗さのパラメータ及びその数値はRz 200とする。

6-5 溶接指示

溶接指示は下記による。指示は、各々の項目について1か所に指示すればよい。全て連続溶接の指示をする。「外側」又は「内側」とあるのは、本体①の外側、内側を指す。

1 (1-1)と(1-2)との溶接は、開先を(1-1)側とし、外側レ形溶接開先深さ4mm、溶接深さ5mm、開先角度45°、ルート間隔0mmである。

2 (1-1)と(1-6)との溶接は、外側全周すみ肉溶接、脚長6mmである。

3 (1-2)と(1-5)との溶接は、開先を(1-5)側とし、外側レ形溶接開先深さ4mm、溶接深さ5mm、開先角度45°、ルート間隔0mm、内側すみ肉溶接脚長4mmである。

4 (1-2)と(1-7)との溶接は、外側全周すみ肉溶接脚長6mmである。

5 (1-3)と(1-8)との溶接は、外側全周すみ肉溶接脚長6mmである。

6 (1-3)と(1-9)との溶接は、外側全周すみ肉溶接脚長4mmである。

7 (1-4)と(1-10)との溶接は、両側全周すみ肉溶接脚長4mmである。

8 (1-5)と(1-14)との溶接は、全周すみ肉溶接脚長4mmである。

9 (1-11)と(1-1)との溶接は、両側すみ肉溶接脚長4mmである。

10 (1-12)と(1-4)との溶接は、全周すみ肉溶接脚長4mmである。

11 (1-12)と(1-5)との溶接は、両側すみ肉溶接脚長4mmである。

12 (1-13)と(1-5)との溶接は、両側すみ肉溶接脚長4mmである。

13 (1-15)と(1-3)と(1-5)との溶接は、全周すみ肉溶接脚長3mmである。

6-6　本体①の作図の進め方

6-6-1　主投影図

課題図の主投影図は図 6-1 に示したように、“A-A”の断面図で表されており、解答図も同様の指示がある。**図 6-3** に示したように、課題図の主投影図を分解すると、残ったところが解答図の主投影図となる。「軸受押さえカバー⑦関連」と、「軸受カバー⑥関連」は、はめあい部で、分解するとはめあい穴と、取付用のねじが表れる。「エアブリーザー⑫」を取り外すと、合わせ面となっている。「排油プラグ⑱」を取り外すと、めねじが表れる。「クランク軸③関連アッセンブリー」を取り外すと、シリンダー②とのはめあい穴が表れる。部材(1-10)は図形としてはかくれ線となるが、形状（縦×横）が表れる面がこの面のみであり、必ずかくれ線で表す。「カバー⑧」の締付ねじ配置（縦×横）がかくれ線となるが、この面でかくれ線で表す。

6-6-2　平面図

課題図の平面図は外形図で、解答図も外形図で示すよう指示されている。**図 6-4** に示したように、「軸受押さえカバー⑦関連」、「軸受カバー⑥関連」、「エアブリーザー⑫」、「カバー⑧×2 カ所」および「油面計⑰」側面に取り付けられており、取り外すと取付面が残る。「シリンダー②アッセンブリー×2 カ所」を取り外すと、はめあい穴と取付ねじが表れる。はめあい穴から見える部材(1-13)の形状を描く。

6-6-3　左側面図

課題図（図 6-1）の右側面図に示してあるように、部材(1-1)で上面、“(1-4)×2 カ所”で左右面、(1-5)で下面を構成して、(1-2)と(1-3)でふたをする基本構造である。そこに「シリンダー②」取付部材(1-6)を上面に、「カ

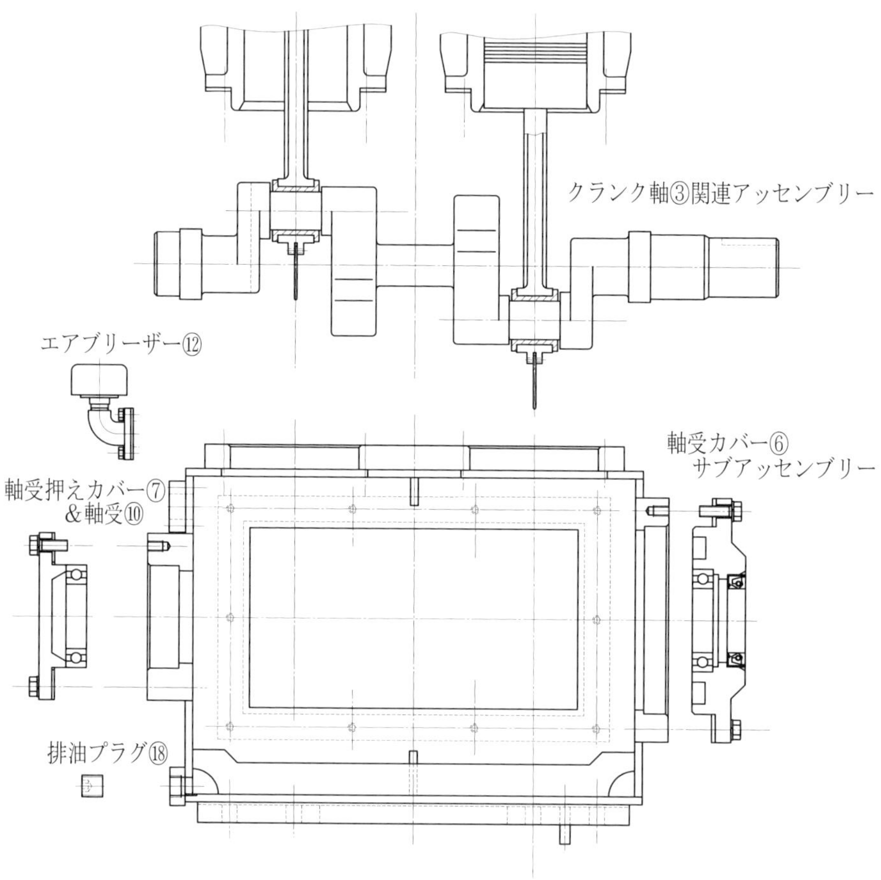
クランク軸③関連アッセンブリー
エアブリーザー⑫
軸受カバー⑥
サブアッセンブリー
軸受押えカバー⑦
&軸受⑩
排油プラグ⑱

図 6-3 主投影図の分解

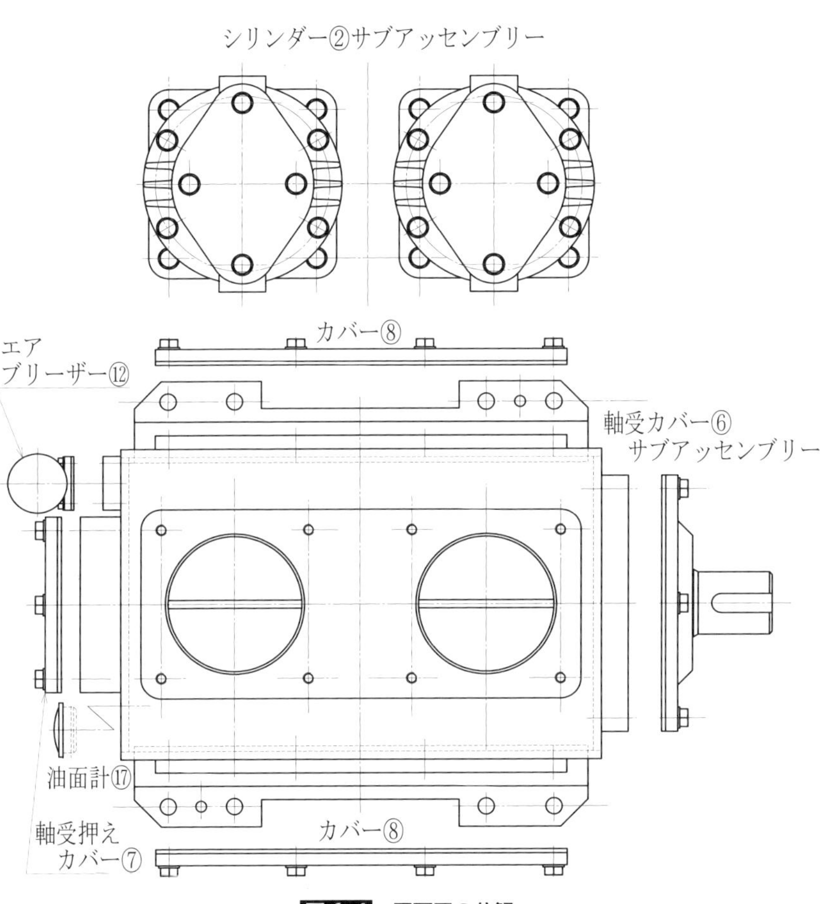
シリンダー②サブアッセンブリー
カバー⑧
エア
ブリーザー⑫
軸受カバー⑥
サブアッセンブリー
油面計⑰
軸受押え
カバー⑦
カバー⑧

図 6-4　平面図の分解

バー⑧」取付部材(1-10)を左右面に、取付脚部(1-14)を下面に取り付けてある。左側面図は本体①の構造体に、軸受押さえカバー⑦のはめあい部の部材(1-8)、エアブリーザー⑫の取付部の部材(1-9)及び、排油プラグ⑱取付部材(1-15)を配置して、油面計⑰の取付部の加工指示をする。

6-6-4　右側面図

左側面図は「シリンダー②」のはめあい部を断面で表し、強度部材(1-11)、(1-12)、その奥に部材(1-3)及びそれに関連する部材を描く。課題図の右側面図に示されている。

6-6-5　局部投影図

局部投影図は課題図右側面図の左側に示された、「軸受カバー⑥」取付ねじの配置を描く。

6-7　クランク軸⑧の作図の進め方

6-7-1　主投影図

図6-3に示した「クランク軸③関連アッセンブリー」を、**図6-5**に示したように分解して、クランク軸③を取り出す。

6-7-2　断面図2

図6-6に示したように断面形状は円筒形を基本にしており、中心軸線から下側はクランク軸の図からからつくりあげる。バランスウェイト部は、課題図の右側面図の中央部に破断線を用いて描かれており、そこから抜き出して組み合わせる。ア部、イ部、ウ部は円筒形であることを図形で示しておくと、寸法記入時の間違いが防止できる。バランスウェイト部の折れ線の位置は、関連する面を示す線を延長した交点に描き、接続半径分の折れ線を控える。

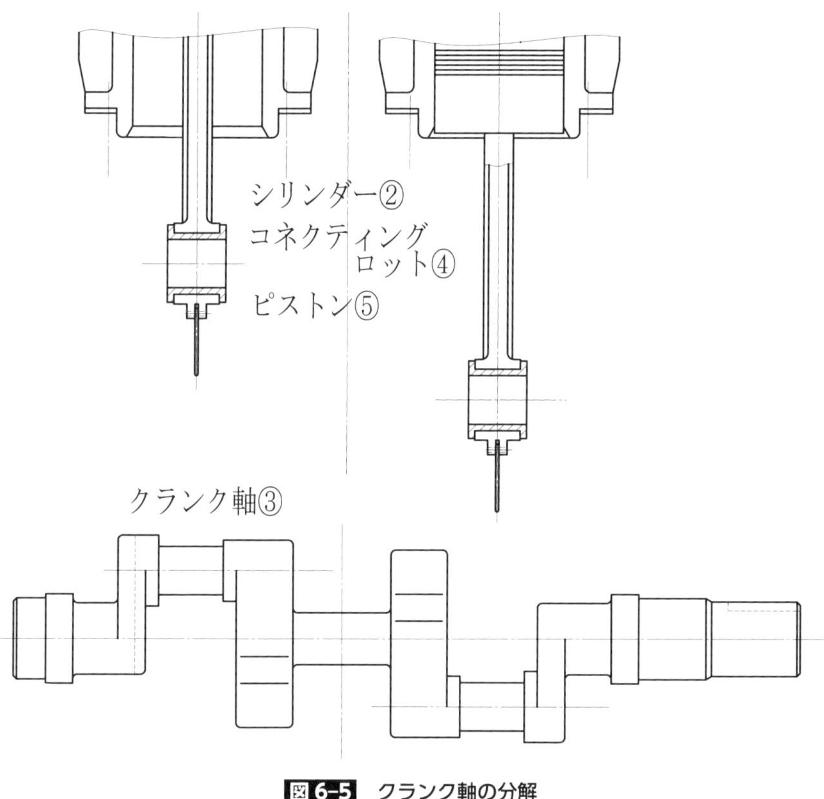

図6-5　クランク軸の分解

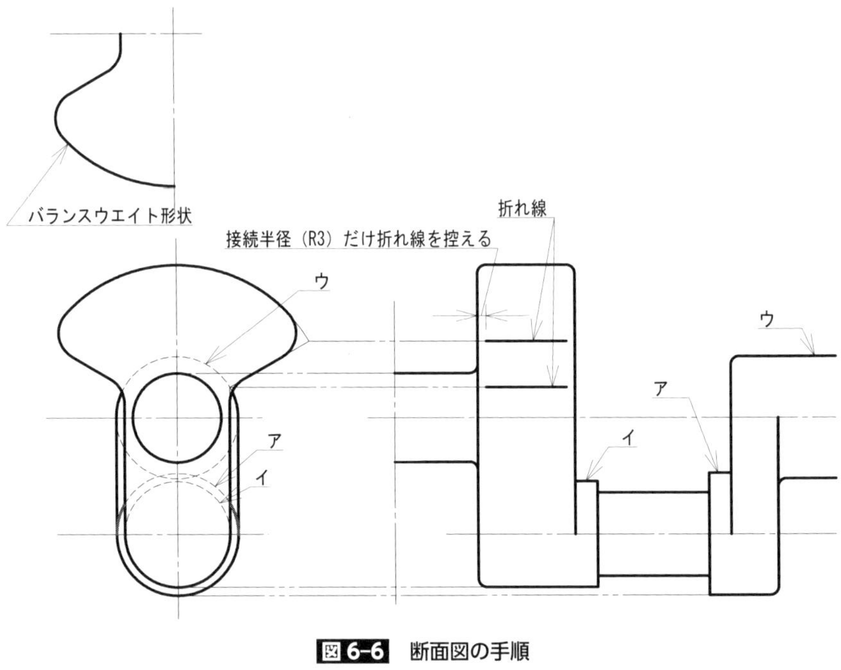

図 6-6 断面図の手順

6-8 寸法記入

6-8-1 平面図の寸法記入

図 6-7 に示したように「シリンダー②取付ねじ：8×M8…」を指示した図に寸法配置（110×110）及び関連寸法、加工面の大きさ寸法（140×326）及び関連寸法を一括で記入する。同様に「本体取付穴：8×12 キリ」配置寸法（50×300）及び関連、加工面の大きさ寸法（330×336）及び関連寸法を一括記入する。

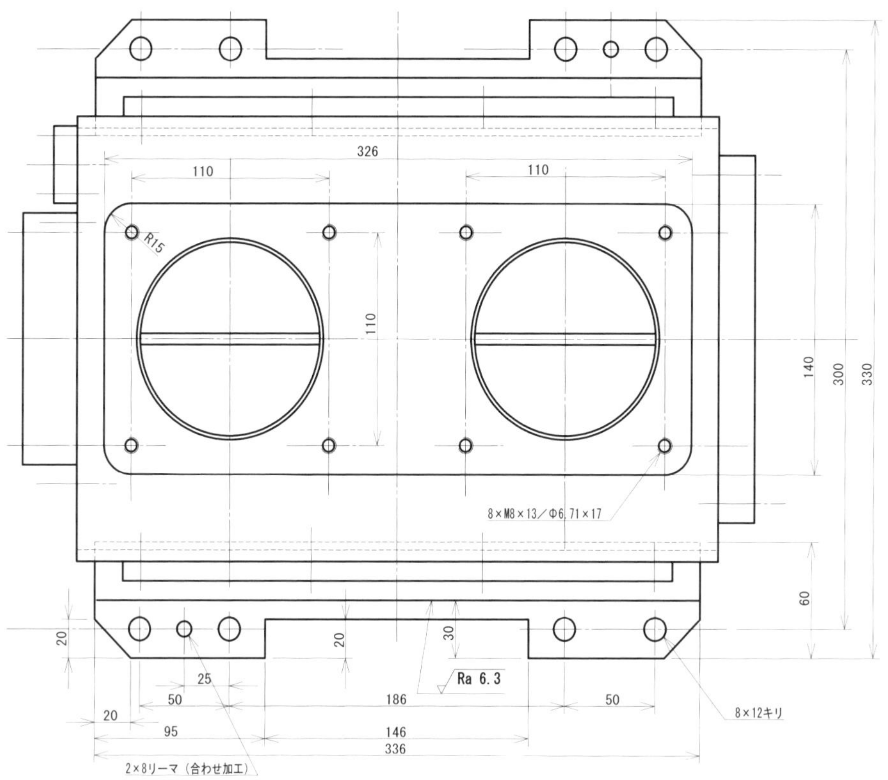

図6-7　寸法記入の手順

6-8-2　解答図

解答図の例を**図 6-8**（巻末）に示した。

著者紹介

河合　優（かわい　まさる）

1949年	愛知県に生まれる
1972年	豊田工業高等専門学校卒業
1976年	小島プレス工業株式会社入社 自動車部品の生産設備の開発を中心に多様な職場を経験
1986年	一級機械製図技能士　職業訓練指導員
1990年～98年	機械製図部門　技能検定委員　愛知県職業能力開発協会
2003年～進行中	職業能力開発総合大学校　職業訓練指導員のレベルアップ講座講師（機械製図）
2006年～12年	豊田工業高等専門学校　非常勤講師、特命教授として「一気通観エンジニア養成プログラム」の立ち上げに参画し、プログラムの基幹部分を作り上げた
2012年～17年	名城大学　理工学部非常勤講師「機械設計を指導」
2018年～進行中	企業技術者の伴走教育

主な著書

「自動化設計のための治具・位置決め入門」　日刊工業新聞社
「機械製図CAD作業技能検定試験突破ガイド」　日刊工業新聞社
「機械製図CAD作業技能検定試験　1・2級　実技課題と解読例　1版、2版、3版」　日刊工業新聞社
「きちんと学ぶレベルアップ機械製図」　日刊工業新聞社
「シッカリわかる図面の解読と略図の描き方」　日刊工業新聞社
「機械製図CAD作業技能検定試験ステップアップガイド」　日刊工業新聞社

機械製図CAD作業技能検定試験
1・2級実技課題と解読例　第4版
〈令和2年度、令和3年度、令和4年度試験の過去3年分を解説〉

NDC 531.9

2016年7月24日　初版1刷発行
2018年2月28日　初版3刷発行
2018年7月25日　第2版1刷発行
2020年8月25日　第3版1刷発行
2023年8月18日　第4版1刷発行

定価はカバーに表示してあります。

発行者　井水 治博
発行所　日刊工業新聞社
〒103-8548　東京都中央区日本橋小網町14-1
電　話　書籍編集部　03-5644-7490
販売・管理部　03-5644-7410
FAX　03-5644-7400
振替口座　00190-2-186076
URL　https://pub.nikkan.co.jp/
e-mail　info_shuppan@nikkan.tech

印刷・製本――美研プリンティング（株）

落丁・乱丁本はお取り替えいたします。
2023 Printed in Japan
ISBN 978-4-526-08286-3　C3053

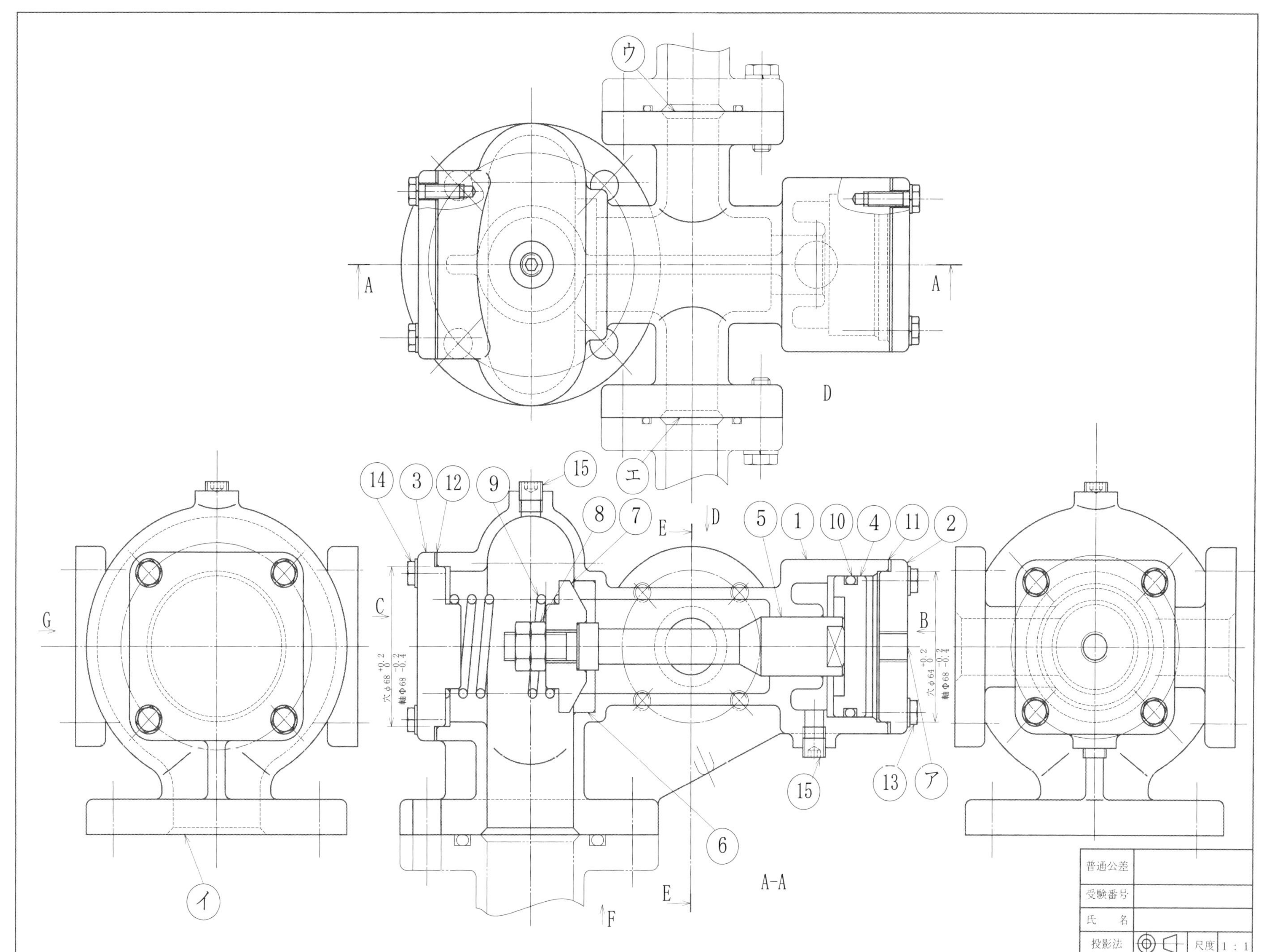

図 1-1　令和２年度　２級課題図

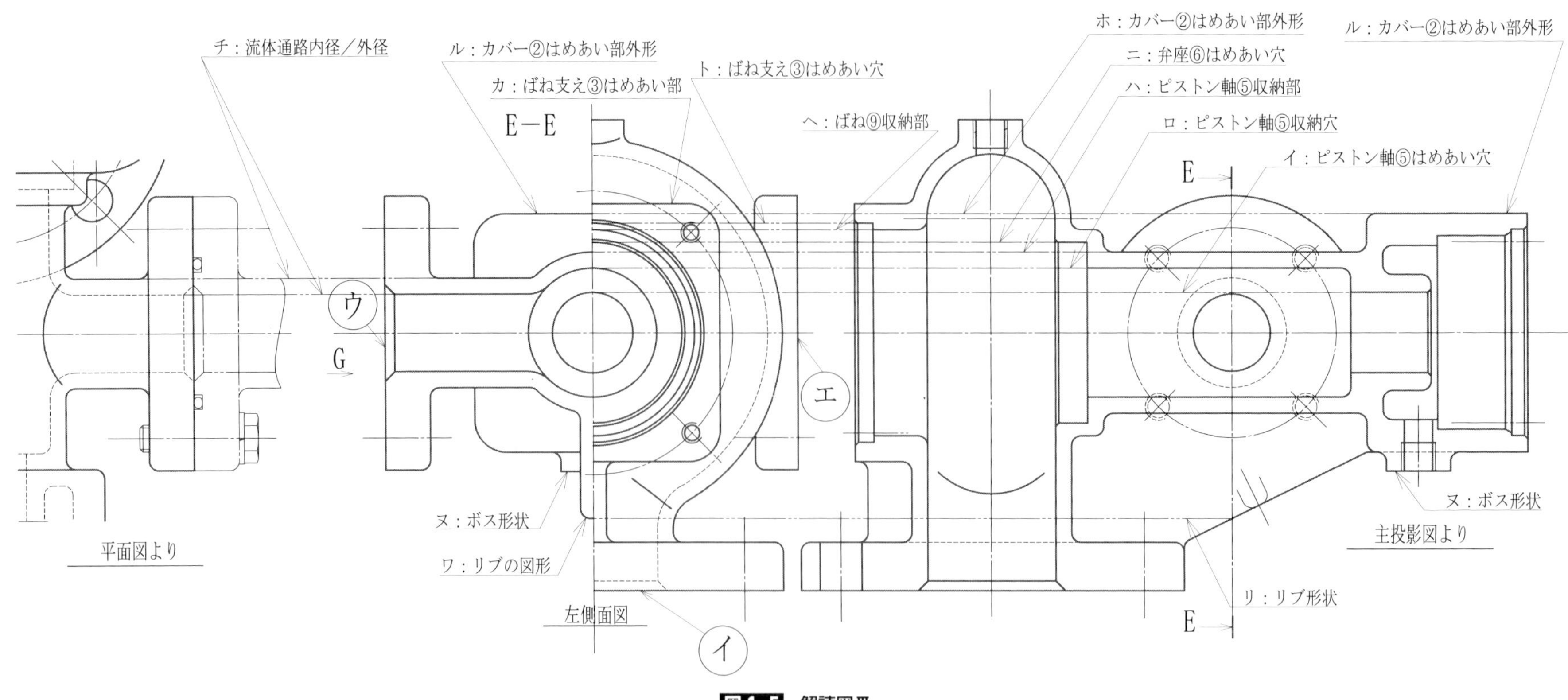
チ：流体通路内径／外径
ル：カバー②はめあい部外形
カ：ばね支え③はめあい部
ト：ばね支え③はめあい穴
E−E
ウ
G
エ
ヘ：ばね⑨収納部
ホ：カバー②はめあい部外形
ニ：弁座⑥はめあい穴
ハ：ピストン軸⑤収納部
ロ：ピストン軸⑤収納穴
イ：ピストン軸⑤はめあい穴
ル：カバー②はめあい部外形
E
E
ヌ：ボス形状
ワ：リブの図形
平面図より
左側面図
イ
リ：リブ形状
ヌ：ボス形状
主投影図より

図 1-5 解読図Ⅲ

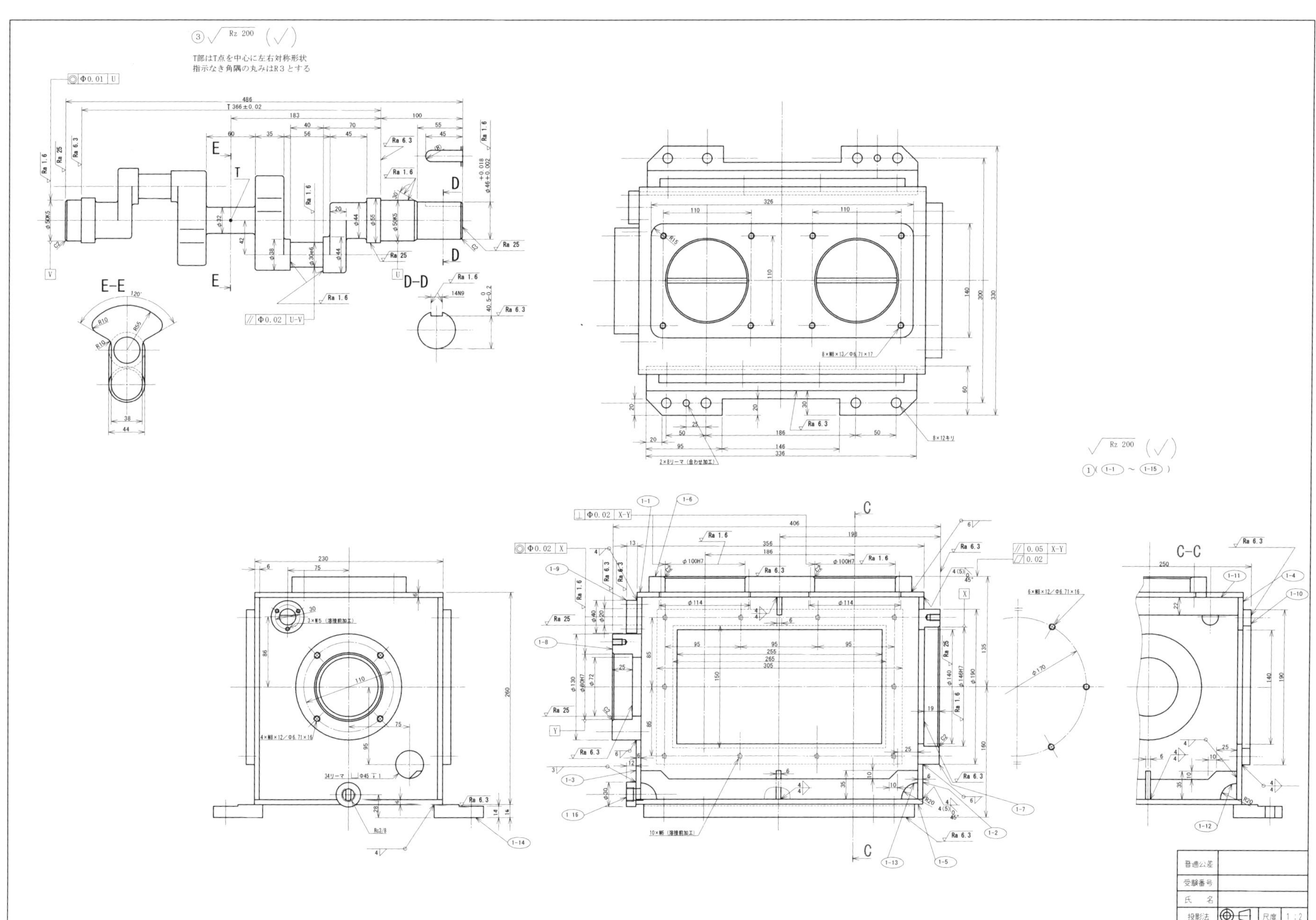

T部はT点を中心に左右対称形状
指示なき角隅の丸みはR3とする
E-E
D-D
C-C
普通公差
受験番号
氏　名
投影法
尺度

図6-8 解答図の例

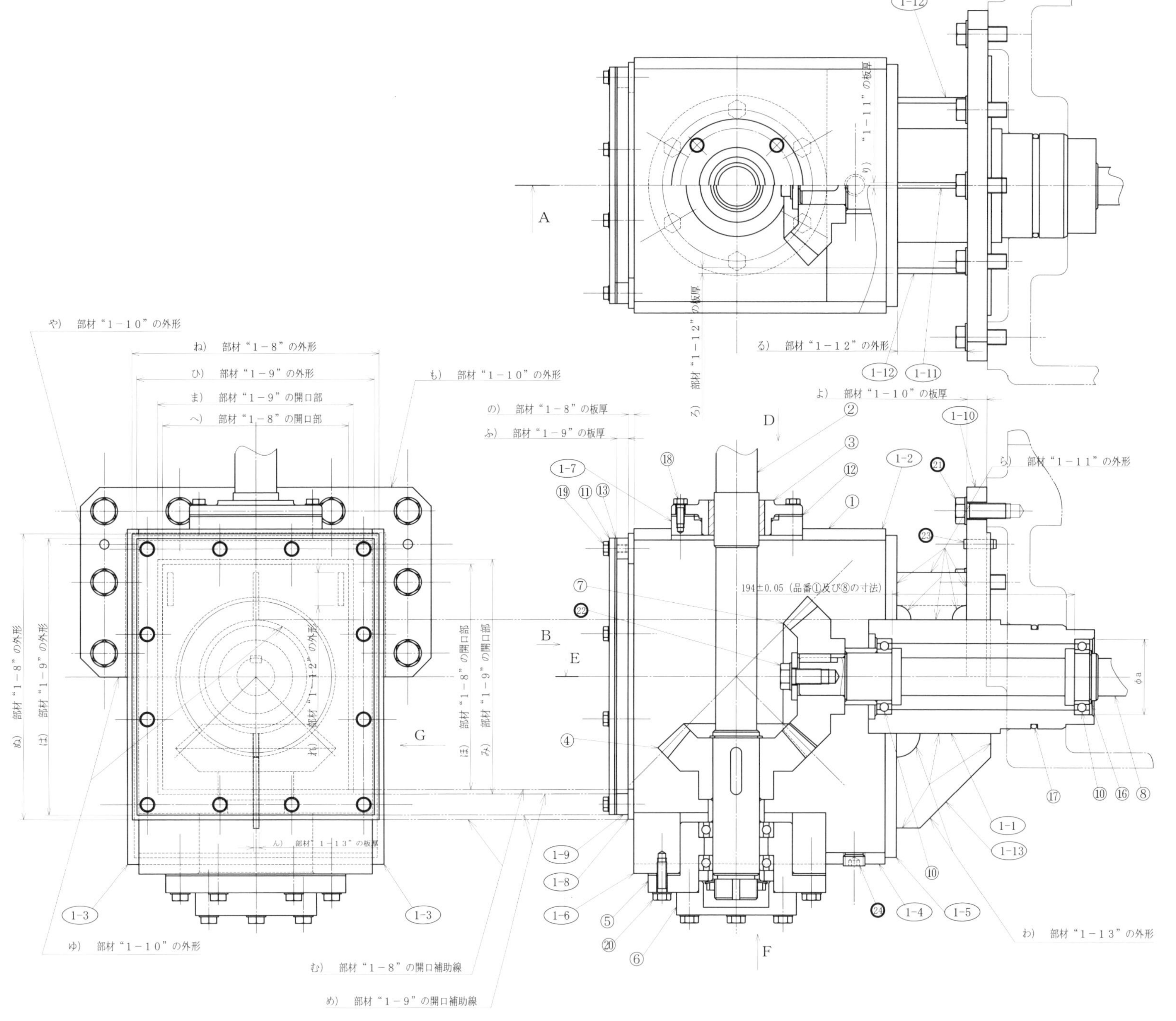
や) 部材"1－10"の外形
ね) 部材"1－8"の外形
ひ) 部材"1－9"の外形
ま) 部材"1－9"の開口部
へ) 部材"1－8"の開口部
も) 部材"1－10"の外形
の) 部材"1－8"の板厚
ふ) 部材"1－9"の板厚
る) 部材"1－12"の外形
よ) 部材"1－10"の板厚
ら) 部材"1－11"の外形
ろ) 部材"1－12"の板厚
り)
"1－11"の板厚
194±0.05（品番①及び⑧の寸法）
ぬ) 部材"1－8"の外形
は) 部材"1－9"の外形
ほ) 部材"1－8"の開口部
み) 部材"1－9"の開口部
わ) 部材"1－12"の外形
ん) 部材"1－13"の板厚
ゆ) 部材"1－10"の外形
む) 部材"1－8"の開口補助線
め) 部材"1－9"の開口補助線
わ) 部材"1－13"の外形
A
B
D
E
F
G
φa
1-1
1-2
1-3
1-4
1-5
1-6
1-7
1-8
1-9
1-10
1-11
1-12
1-13
図 4-47 部材の読取Ⅱ

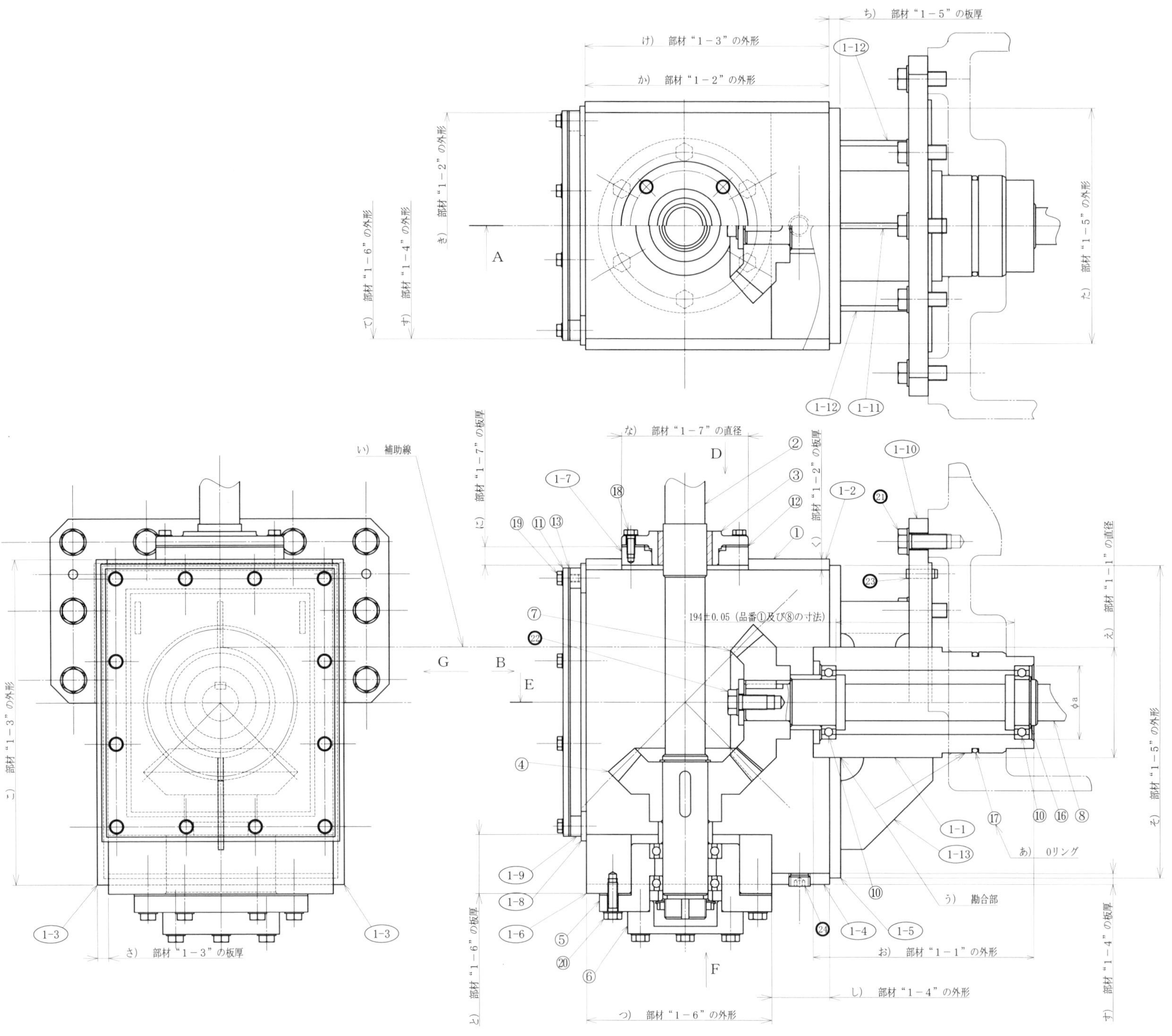

ち） 部材"1－5"の板厚
け） 部材"1－3"の外形
か） 部材"1－2"の外形
1-12
て） 部材"1－6"の外形
す） 部材"1－4"の外形
き） 部材"1－2"の外形
A
た） 部材"1－5"の外形
1-12
1-11
な） 部材"1－7"の直径
に） 部材"1－7"の板厚
い） 補助線
D
く） 部材"1－2"の板厚
1-7
1-2
1-10
194±0.05（品番①及び⑧の寸法）
え） 部材"1－1"の直径
G
B
E
φa
こ） 部材"1－3"の外形
そ） 部材"1－5"の外形
1-1
1-13
あ） Oリング
う） 勘合部
1-9
1-8
1-6
1-3
1-3
1-4
1-5
さ） 部材"1－3"の板厚
お） 部材"1－1"の外形
と） 部材"1－6"の板厚
F
し） 部材"1－4"の外形
つ） 部材"1－6"の外形
す） 部材"1－4"の板厚

図 4-46 部材の読取 I

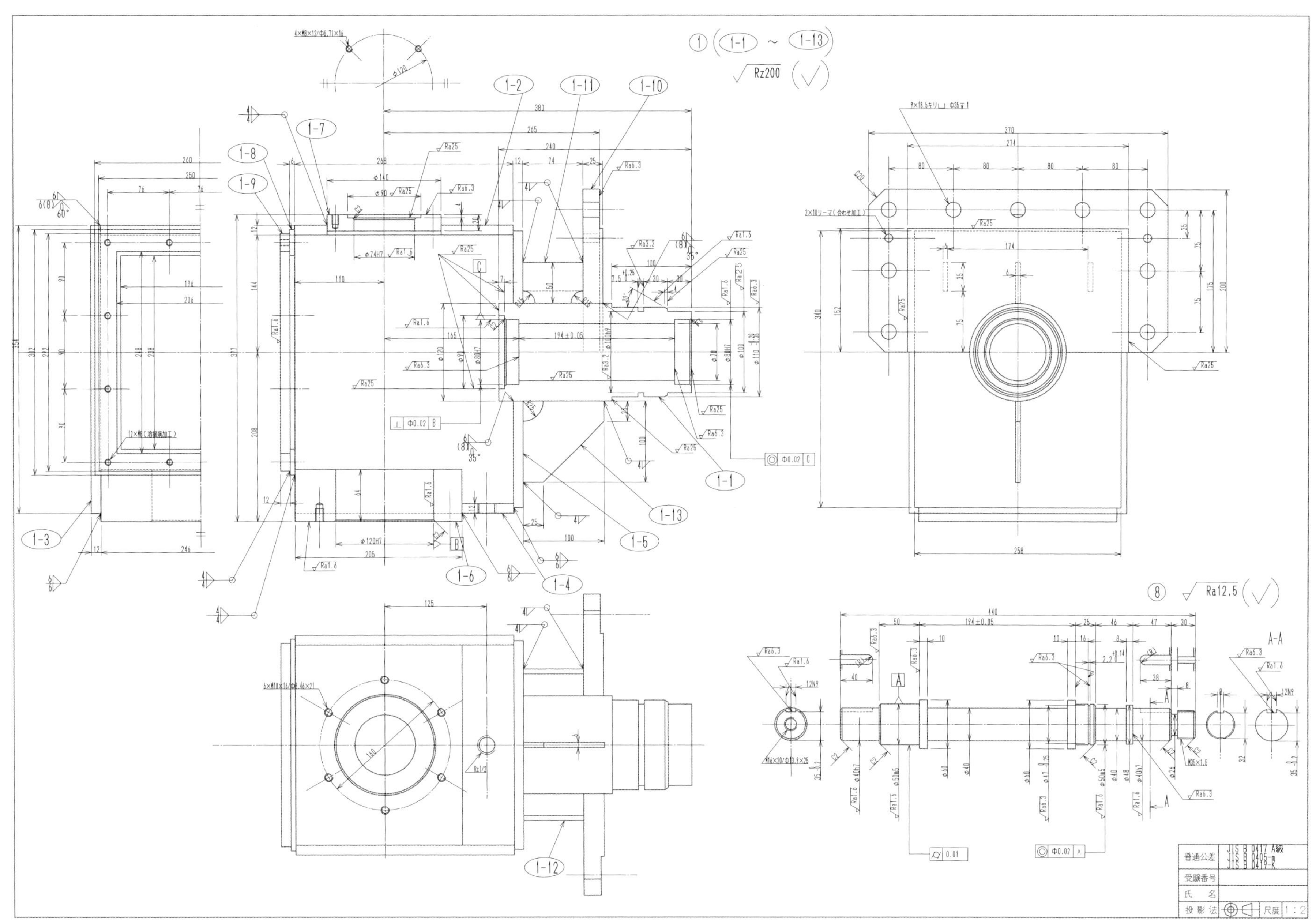

図 4-45 解答図の例

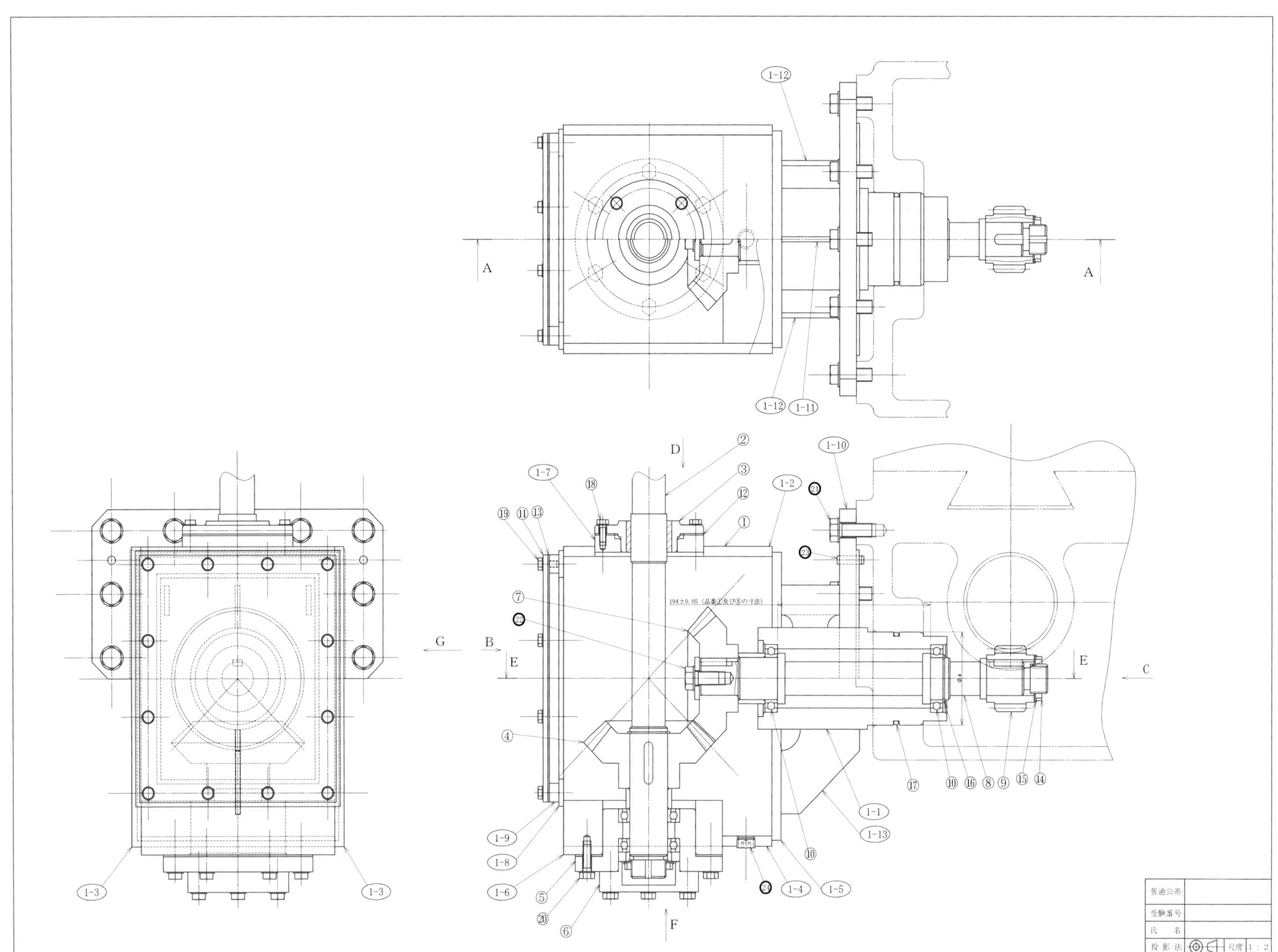

図 4-1　令和 2 年度　1 級課題図

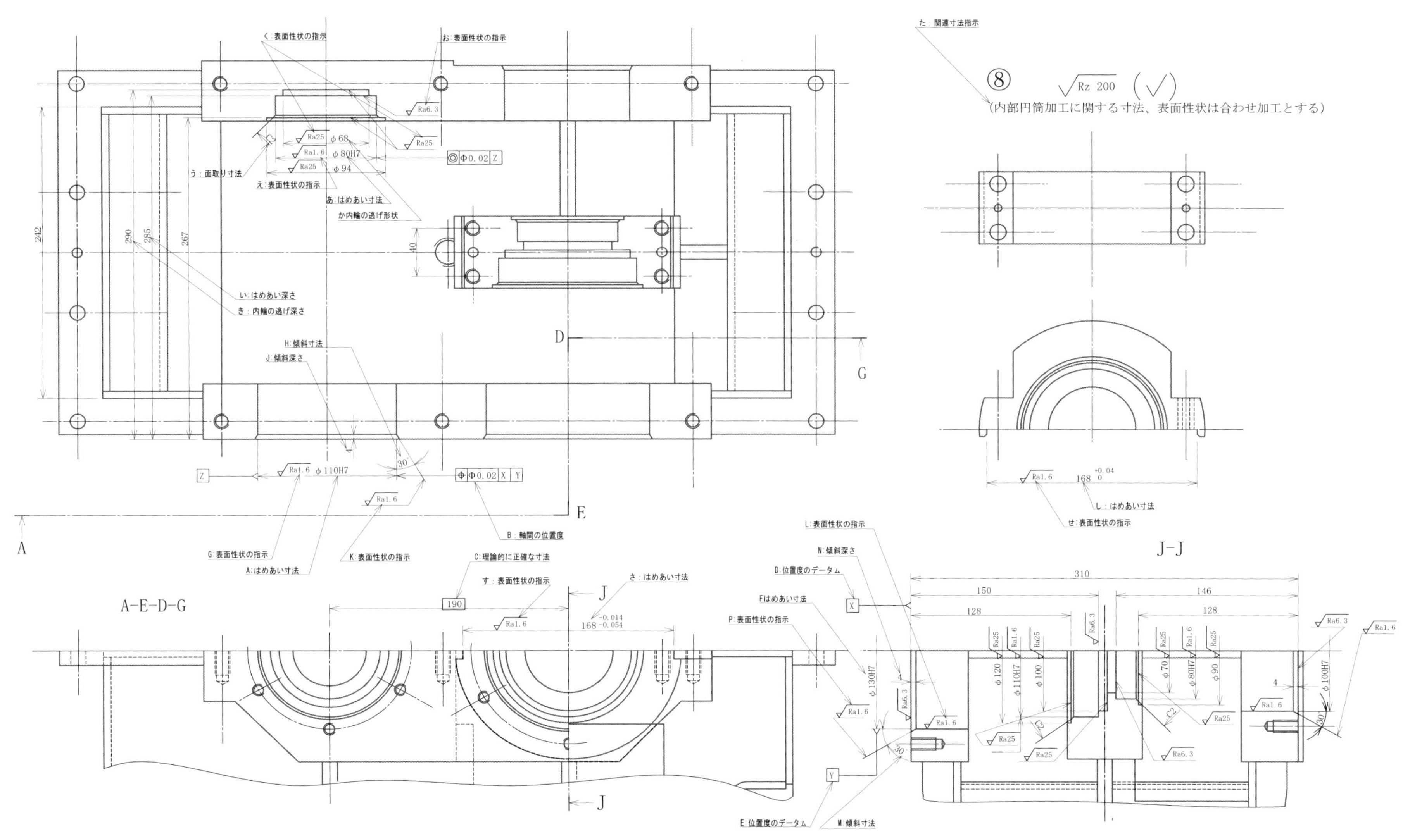
く：表面性状の指示
お：表面性状の指示
た：関連寸法指示
⑧
Rz 200
(内部円筒加工に関する寸法、表面性状は合わせ加工とする)
Ra6.3
Ra25
φ68
Ra1.6
φ80H7
Φ0.02 Z
Ra25
φ94
う：面取り寸法
え：表面性状の指示
あ：はめあい寸法
か内輪の逃げ形状
40
242
290
285
267
い：はめあい深さ
き：内輪の逃げ深さ
H：傾斜寸法
J：傾斜深さ
D
G
30
Z
Ra1.6
φ110H7
Φ0.02 X Y
Ra1.6
E
A
B：軸間の位置度
G：表面性状の指示
A：はめあい寸法
K：表面性状の指示
168 +0.04 0
し：はめあい寸法
せ：表面性状の指示
J-J
C：理論的に正確な寸法
す：表面性状の指示
さ：はめあい寸法
A-E-D-G
190
Ra1.6
168 -0.014 -0.054
J
L：表面性状の指示
N：傾斜深さ
D：位置度のデータム
Fはめあい寸法
P：表面性状の指示
X
310
150
146
128
128
φ130H7
φ120
φ110H7
φ100
φ70
φ80H7
φ90
φ100H7
4
Ra6.3
Ra1.6
Ra25
C2
Y
E：位置度のデータム
M：傾斜寸法

図5-8　重要寸法解読図

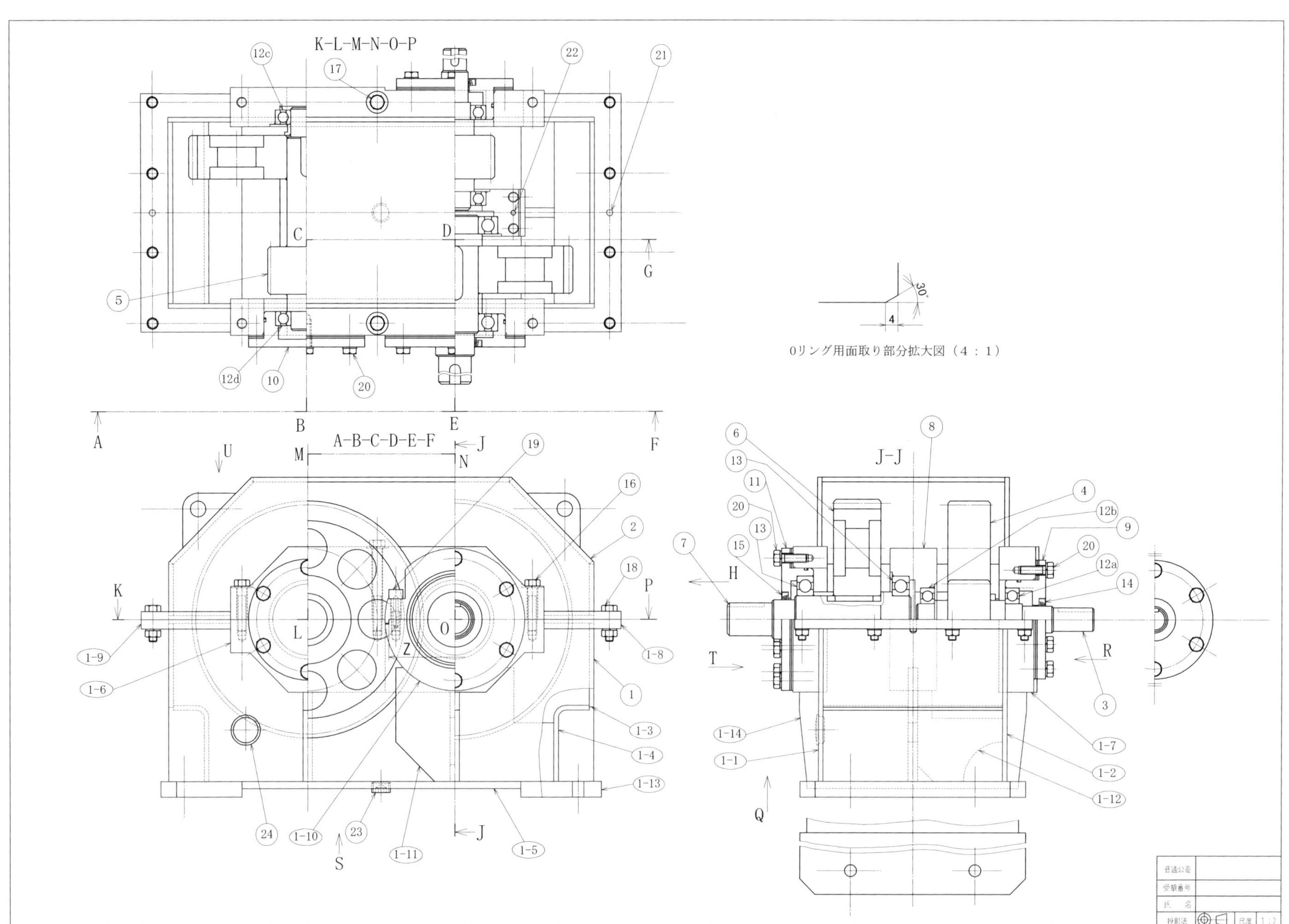

図5-1　令和３年度　１級課題図

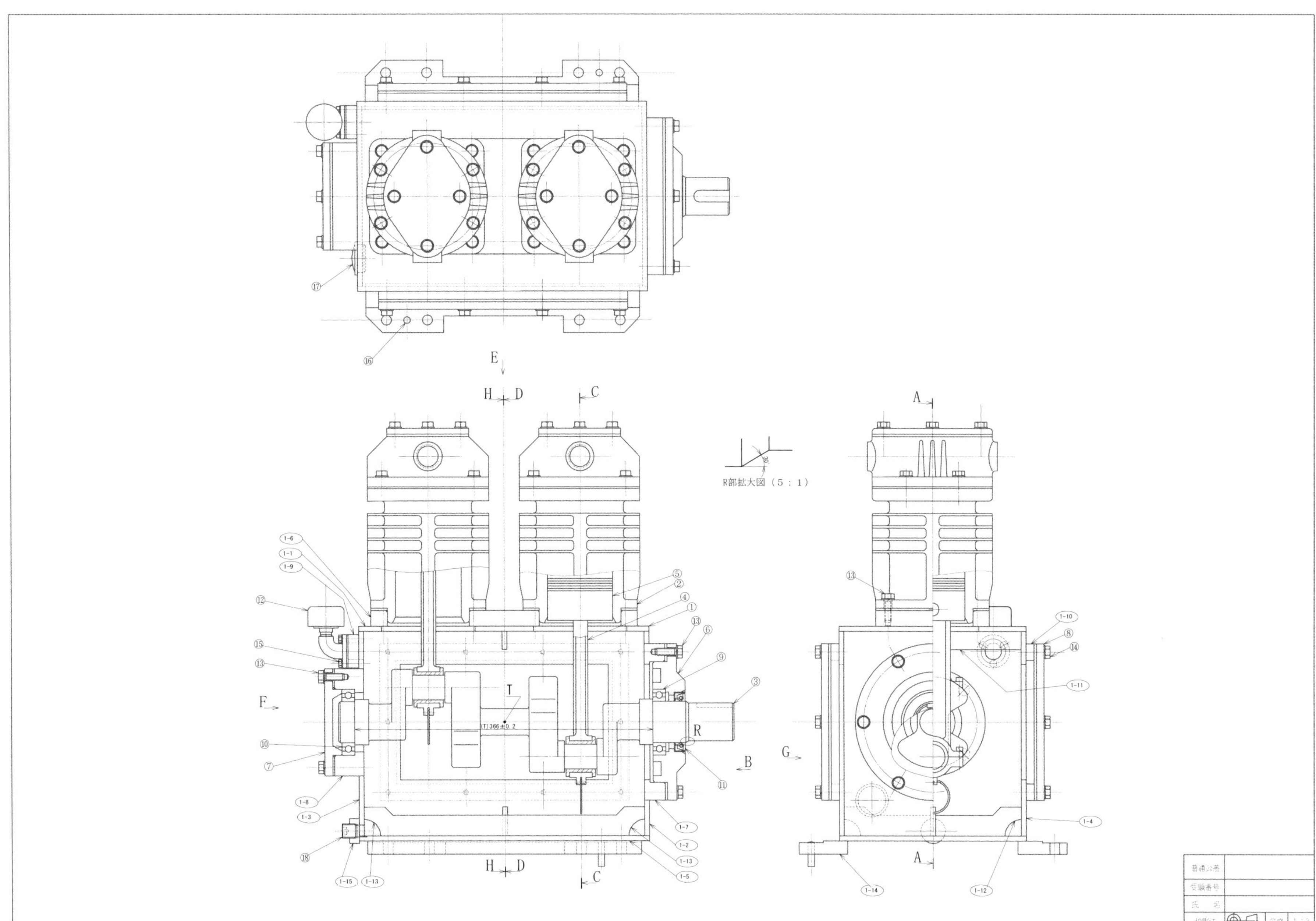

図 6-1　課題図

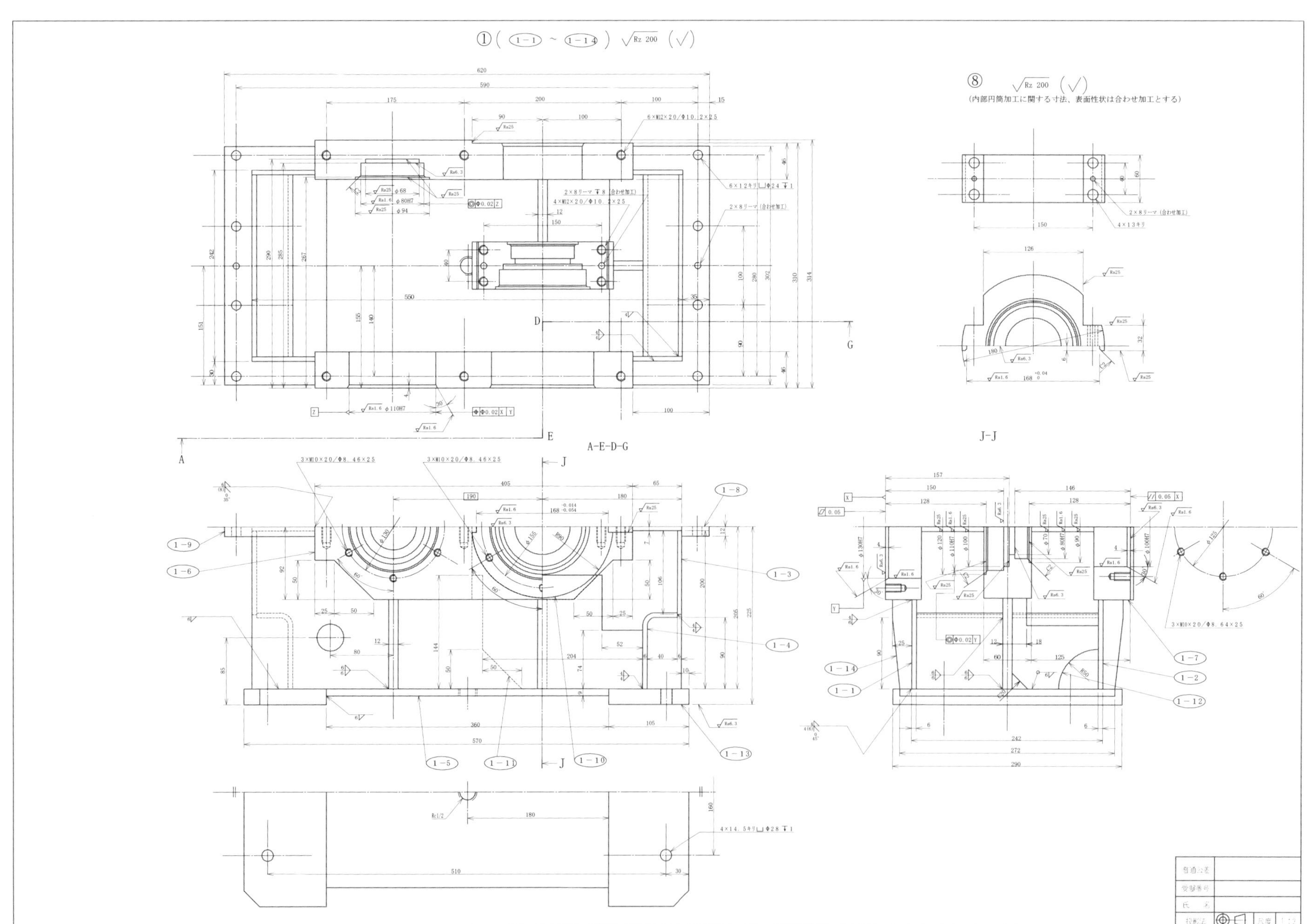

図 5-11 解答図の例

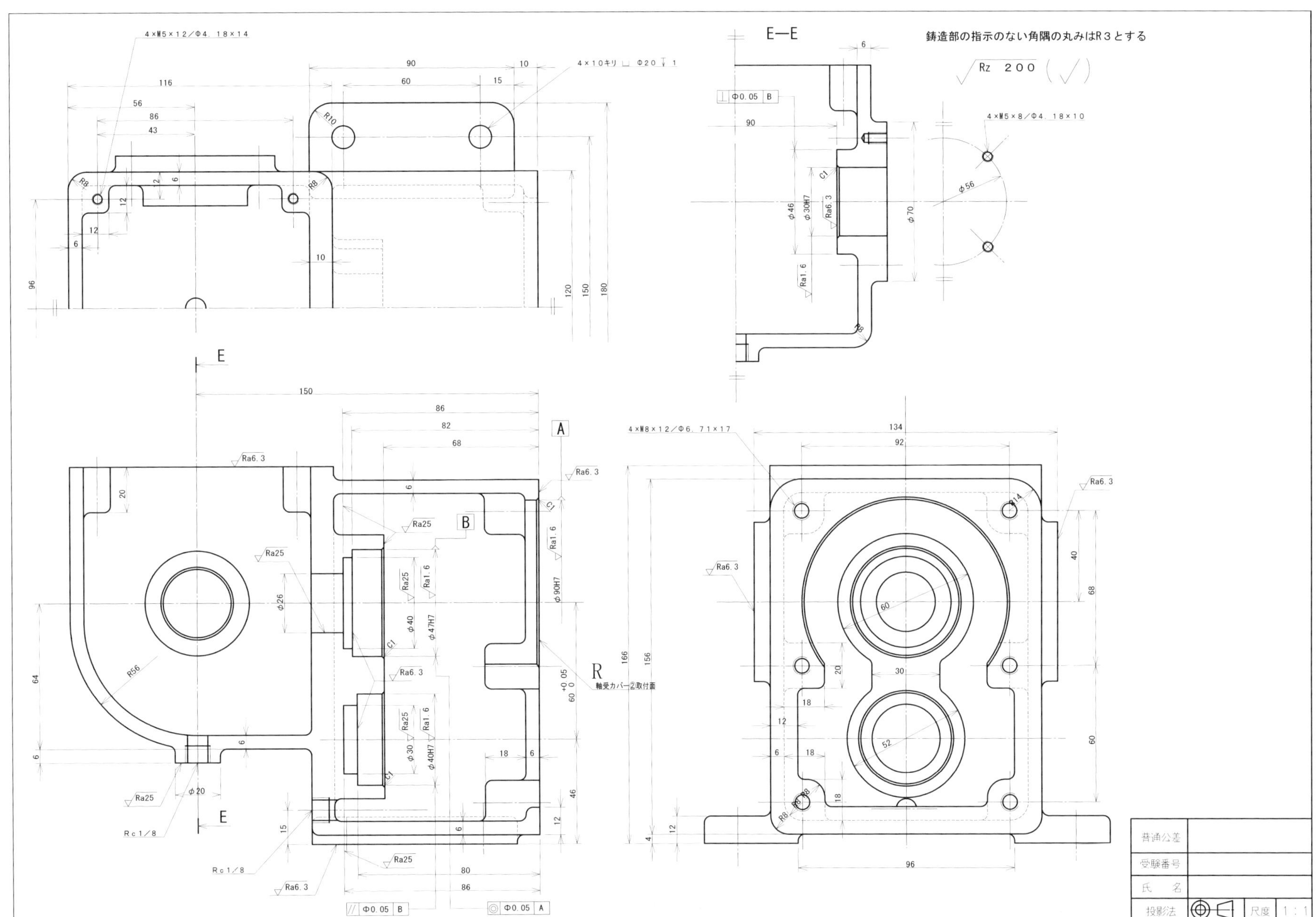
E—E
鋳造部の指示のない角隅の丸みはR3とする
Rz 200
4×M5×12／Φ4.18×14
4×10キリ Φ20 1
4×M5×8／Φ4.18×10
4×M8×12／Φ6.71×17
軸受カバー②取付面
Rc1／8
普通公差
受験番号
氏名
投影法
尺度 1：1

図 3-18 解答図

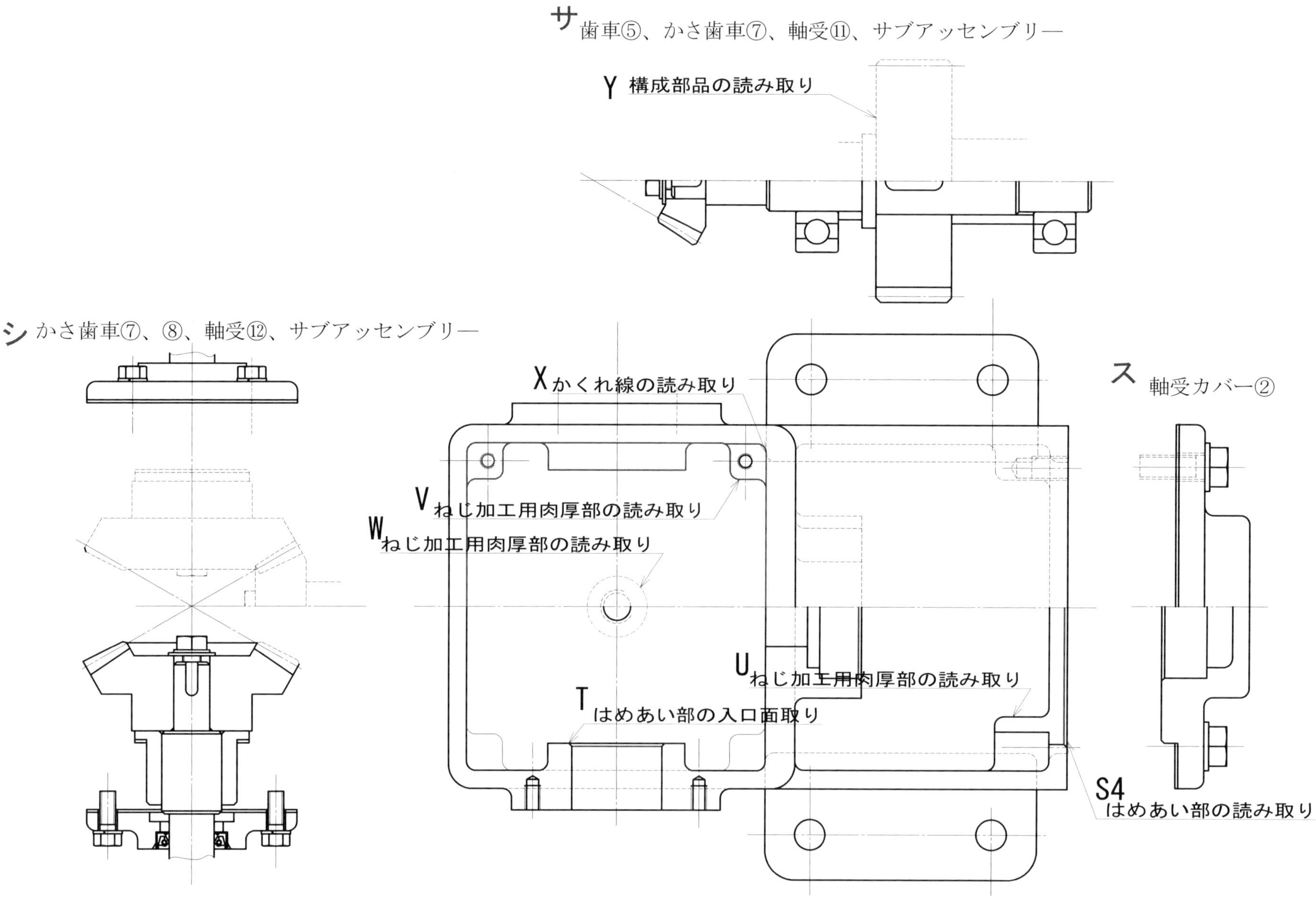

サ 歯車⑤、かさ歯車⑦、軸受⑪、サブアッセンブリー

Y 構成部品の読み取り

シ かさ歯車⑦、⑧、軸受⑫、サブアッセンブリー

X かくれ線の読み取り

ス 軸受カバー②

V ねじ加工用肉厚部の読み取り

W ねじ加工用肉厚部の読み取り

U ねじ加工用肉厚部の読み取り

T はめあい部の入口面取り

S4 はめあい部の読み取り

図 3-6 平面図の分解

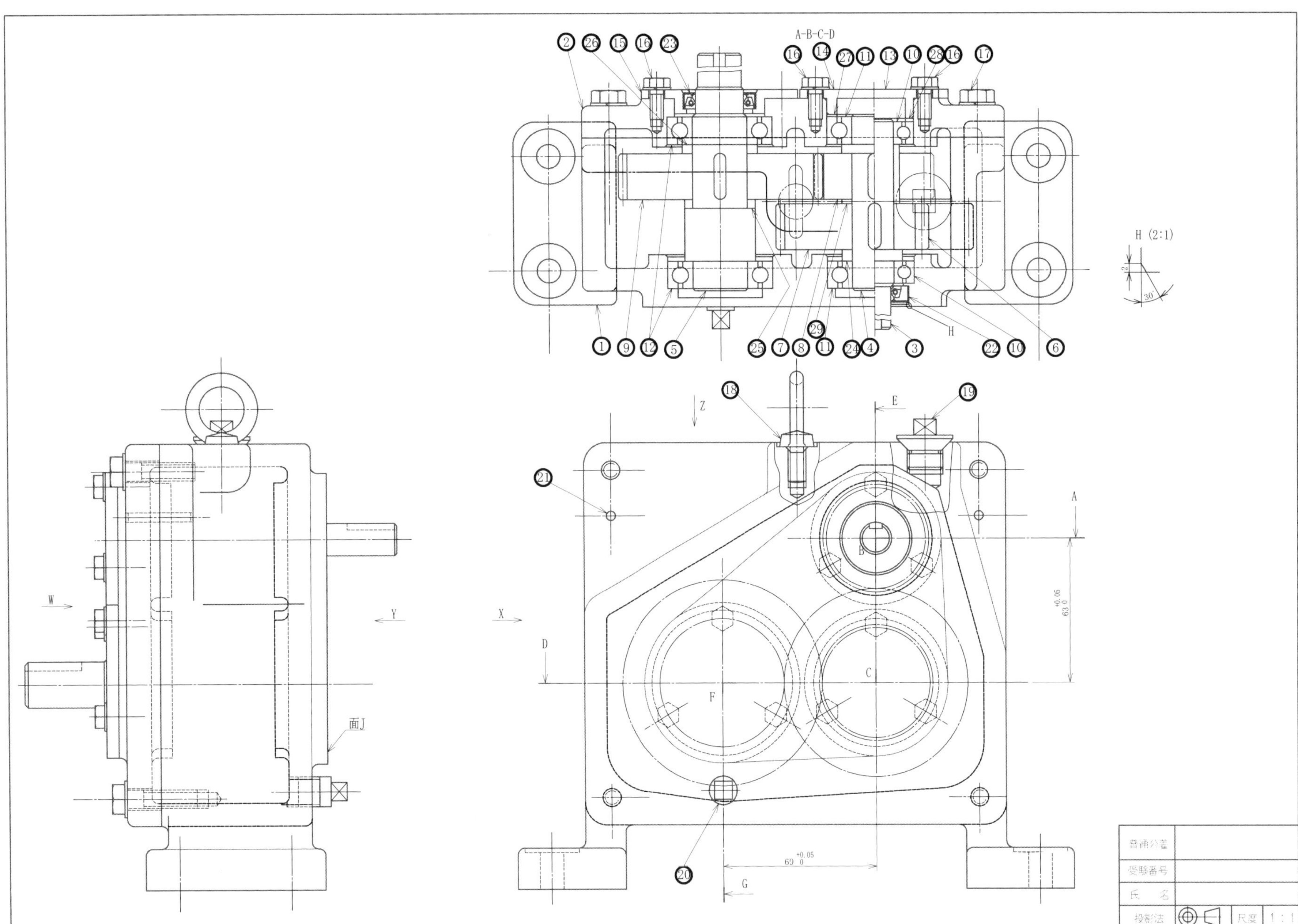

図 2-1　令和３年度　２級課題図

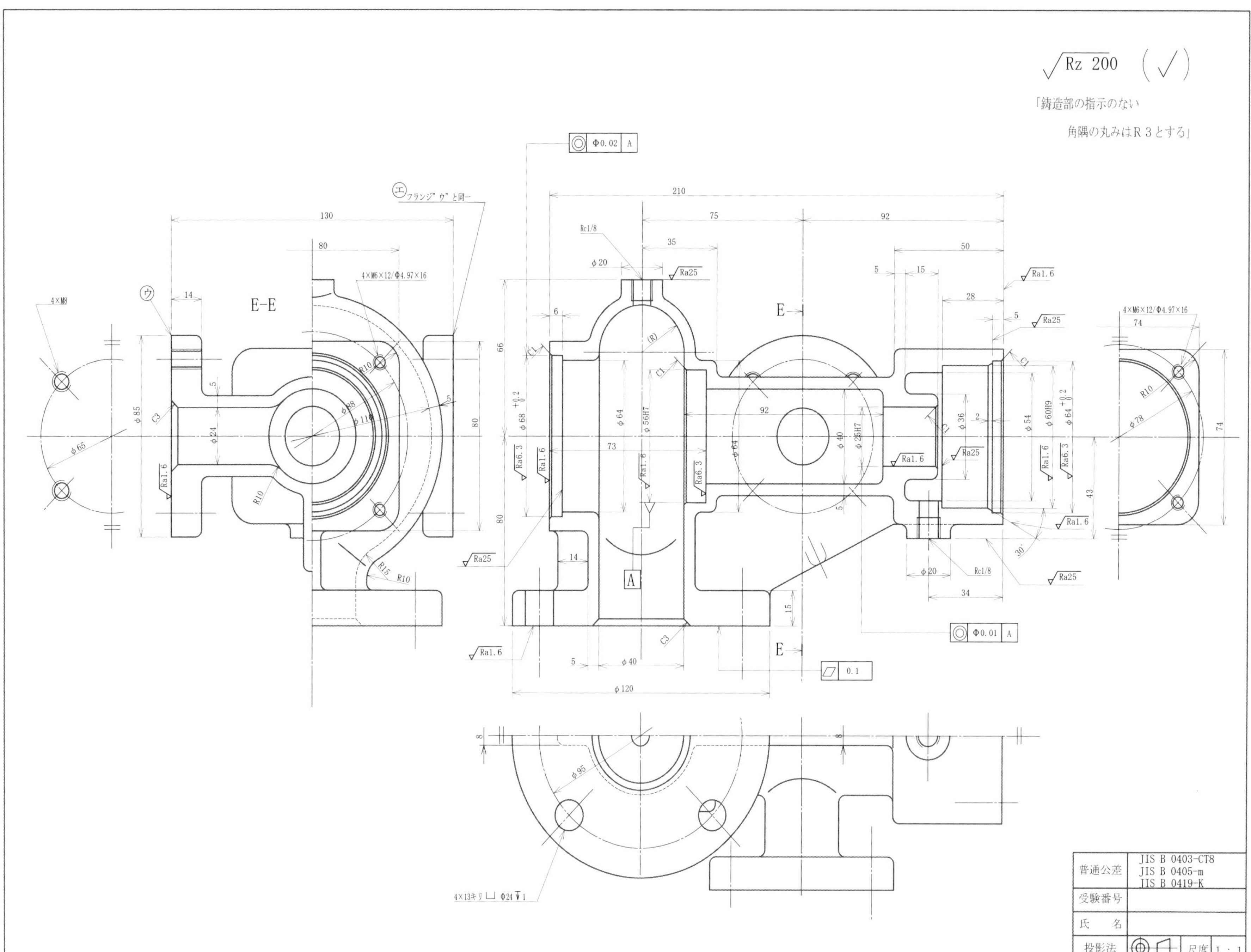

Rz 200 (✓)
「鋳造部の指示のない
角隅の丸みはR３とする」
E-E
E
A
普通公差
JIS B 0403-CT8
JIS B 0405-m
JIS B 0419-K
受験番号
氏　名
投影法
尺度 1：1

図 1-18　解答図の例

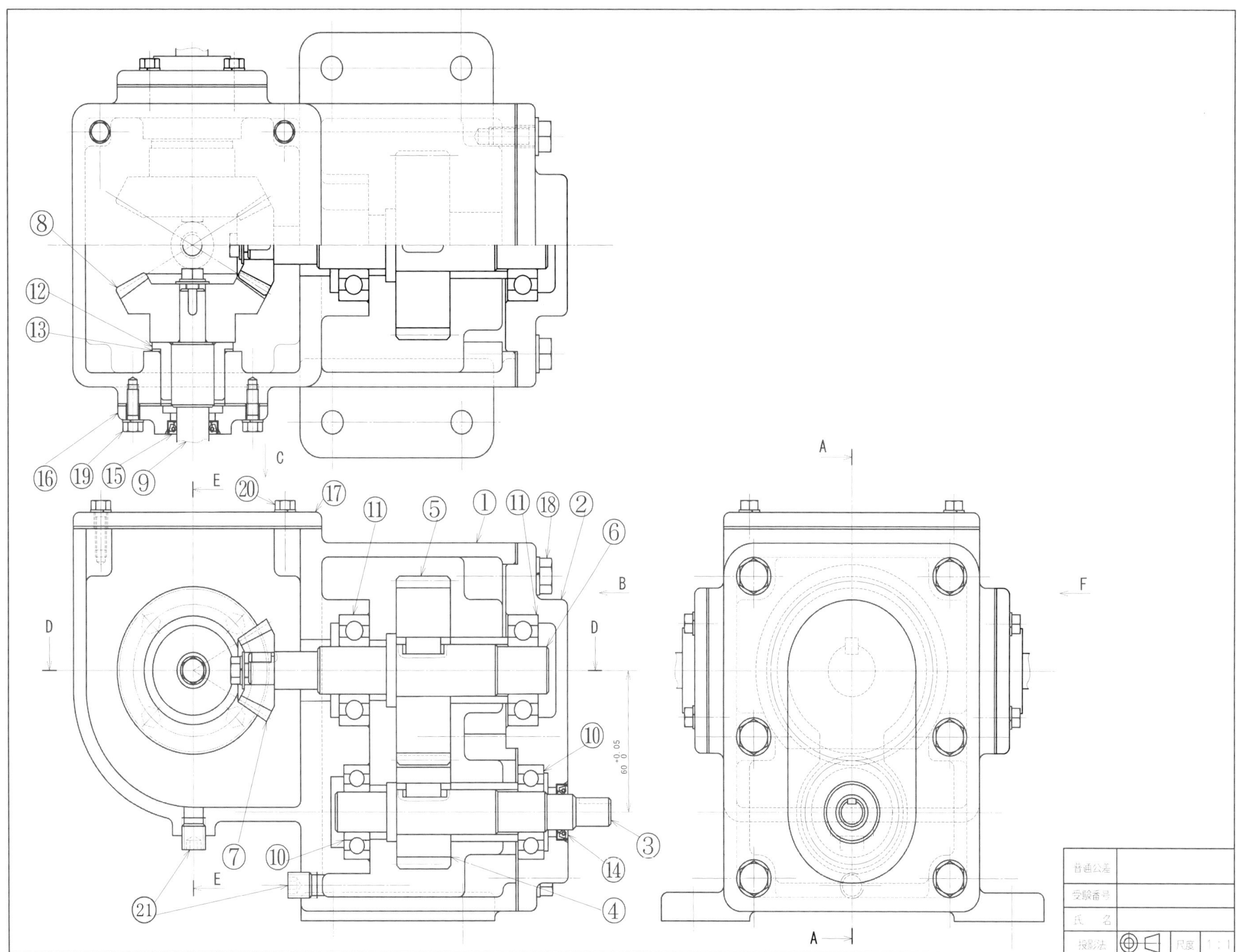

図 3-1　令和 4 年度　2 級課題図

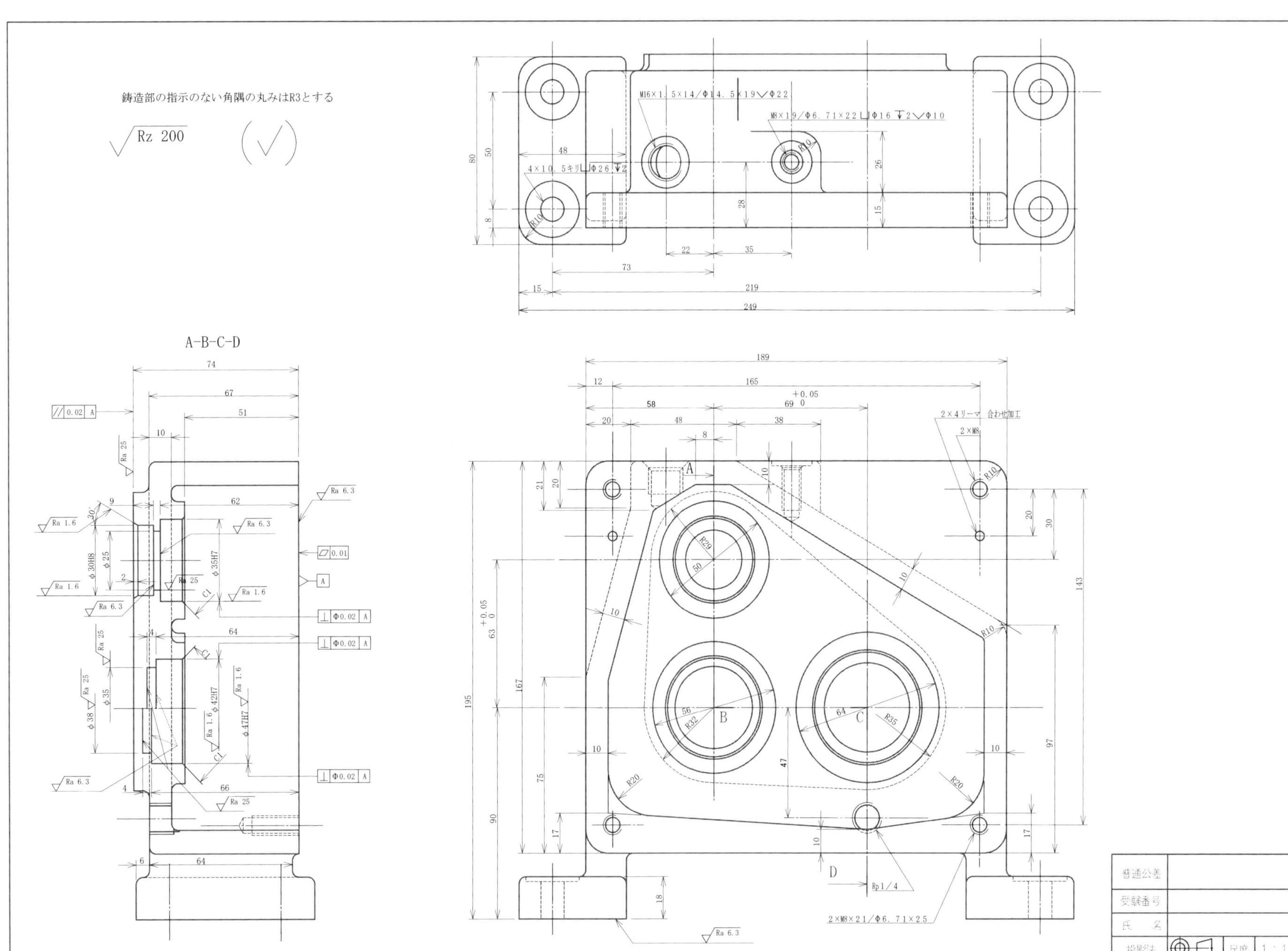

図 2-17 表面性状の指示記号

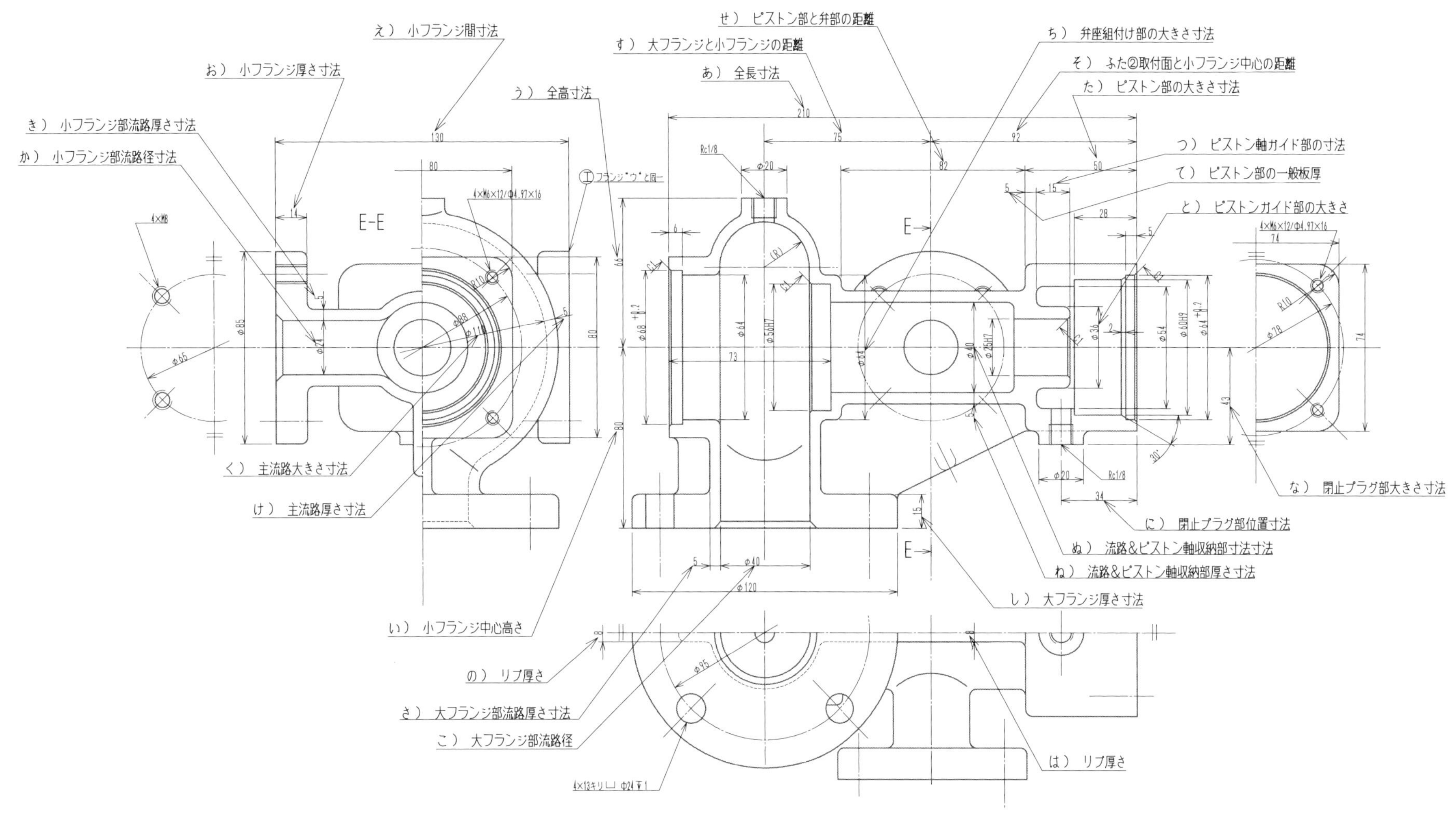
せ） ピストン部と弁部の距離
え） 小フランジ間寸法
す） 大フランジと小フランジの距離
ち） 弁座組付け部の大きさ寸法
お） 小フランジ厚さ寸法
あ） 全長寸法
そ） ふた②取付面と小フランジ中心の距離
う） 全高寸法
た） ピストン部の大きさ寸法
き） 小フランジ部流路厚さ寸法
か） 小フランジ部流路径寸法
つ） ピストン軸ガイド部の寸法
て） ピストン部の一般板厚
と） ピストンガイド部の大きさ
E-E
く） 主流路大きさ寸法
け） 主流路厚さ寸法
な） 閉止プラグ部大きさ寸法
に） 閉止プラグ部位置寸法
ぬ） 流路＆ピストン軸収納部寸法寸法
ね） 流路＆ピストン軸収納部厚さ寸法
し） 大フランジ厚さ寸法
い） 小フランジ中心高さ
の） リブ厚さ
さ） 大フランジ部流路厚さ寸法
こ） 大フランジ部流路径
は） リブ厚さ
図1-14 最大外形＆板厚

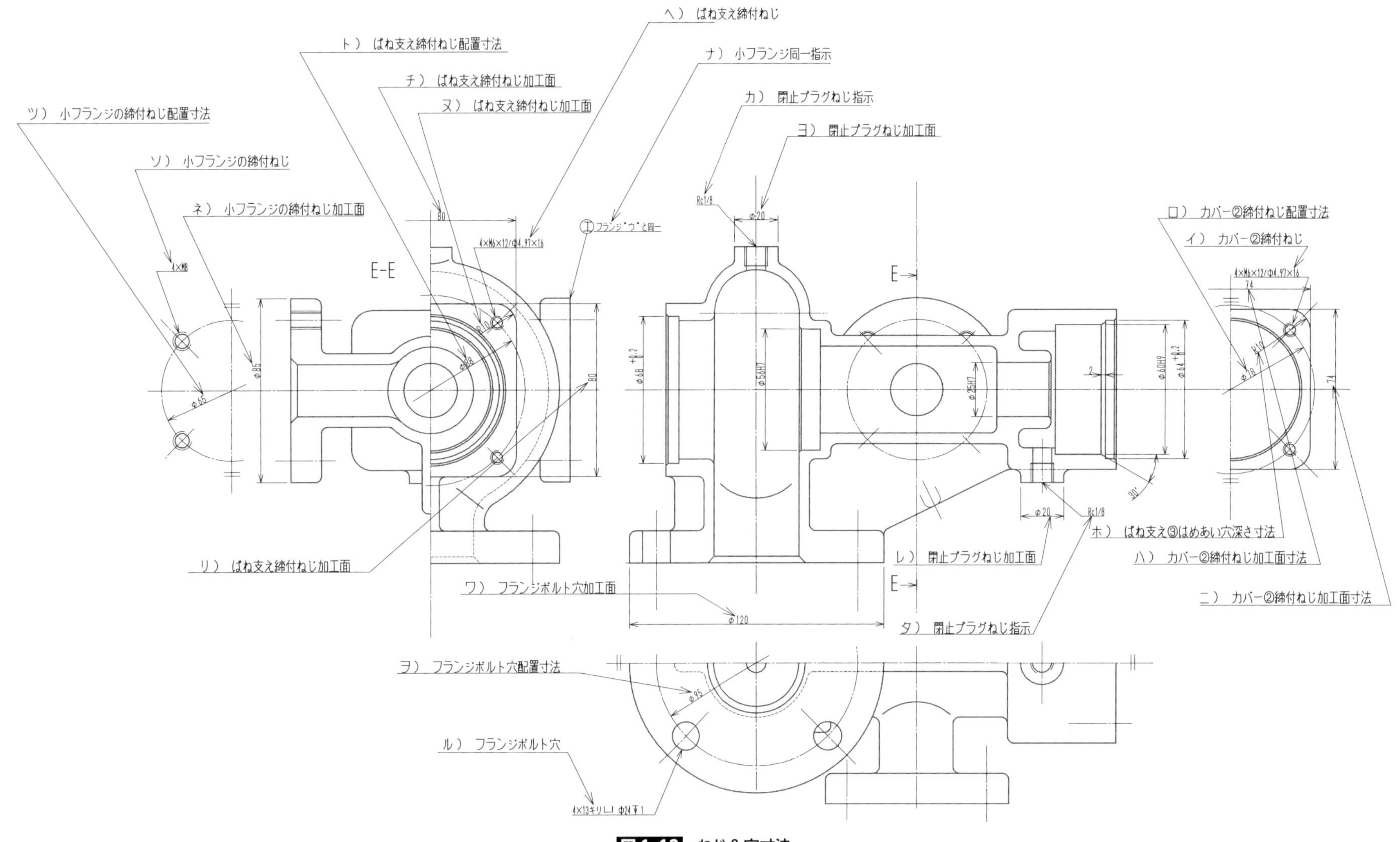

ツ） 小フランジの締付ねじ配置寸法
ソ） 小フランジの締付ねじ
ネ） 小フランジの締付ねじ加工面
ト） ばね支え締付ねじ配置寸法
チ） ばね支え締付ねじ加工面
ヌ） ばね支え締付ねじ加工面
ヘ） ばね支え締付ねじ
ナ） 小フランジ同一指示
カ） 閉止プラグねじ指示
ヨ） 閉止プラグねじ加工面
ロ） カバー②締付ねじ配置寸法
イ） カバー②締付ねじ
E-E
4×M8
φ65
φ85
80
4×M6×12/φ4.97×16
R10
φ88
80
Ⓘフランジ"ウ"と同一
Rc1/8
φ20
E
φ68
φ56H7
φ25H7
2
φ60H9
φ64
30°
74
φ18
R10
74
φ20
Rc1/8
ホ） ばね支え③はめあい穴深さ寸法
ハ） カバー②締付ねじ加工面寸法
リ） ばね支え締付ねじ加工面
レ） 閉止プラグねじ加工面
ワ） フランジボルト穴加工面
ニ） カバー②締付ねじ加工面寸法
φ120
タ） 閉止プラグねじ指示
ヲ） フランジボルト穴配置寸法
φ95
ル） フランジボルト穴
4×13キリ ⊔ φ24▽1

図 1-13 ねじ＆穴寸法